刘冬 / 编著

INTERIOR DESIGN

HAND DRAWING TUTORIAL

室内设计手绘完全解析

（第2版）

人民邮电出版社

北京

图书在版编目（ＣＩＰ）数据

室内设计手绘完全解析 / 刘冬编著. -- 2版. -- 北京 : 人民邮电出版社，2019.9
ISBN 978-7-115-51417-2

Ⅰ. ①室… Ⅱ. ①刘… Ⅲ. ①室内装饰设计—绘画技法 Ⅳ. ①TU204

中国版本图书馆CIP数据核字(2019)第129537号

内 容 提 要

本书从室内设计的基础知识入手，讲解了线条练习和透视的概念，然后分别介绍了家具、陈设单体与人物表现，家具、陈设组合表现，马克笔与彩色铅笔上色技法，室内手绘材质表现，室内综合空间设计表现，并附有经典作品赏析和视频教学。本书基本理论与实战演练并重，书中不仅有大量的手绘作品可供读者参考，还有教程带领读者一步步进行手绘。本书结构清晰，内容全面，形式丰富，是一本综合性的室内设计手绘教程。

本书适合室内设计、建筑设计专业的在校生及相关行业的从业者学习使用，同时可作为相关培训机构的教材。

◆ 编　著　刘　冬
　　责任编辑　赵　迟
　　责任印制　马振武

◆ 人民邮电出版社出版发行　　北京市丰台区成寿寺路 11 号
　邮编　100164　电子邮件　315@ptpress.com.cn
　网址　http://www.ptpress.com.cn
北京富诚彩色印刷有限公司印刷

◆ 开本：787×1092　1/16
　印张：13
　字数：330 千字　　　　　　　　　2019 年 9 月第 2 版
　印数：3 001－5 500 册　　　　　　2019 年 9 月北京第 1 次印刷

定价：79.00 元

读者服务热线：(010)81055410　印装质量热线：(010)81055316
反盗版热线：(010)81055315
广告经营许可证：京东工商广登字 20170147

前 言

手绘是设计的原点和终点。一个好的创意是设计者最初理念的延续，而手绘则是设计理念最直接的体现。对于大多数设计者来说，虽然计算机绘图的方式占据了重要的地位，但手绘的方式并未退出历史舞台，只是在此消彼长的市场形势中被弱化了。单就以往以手绘为主要表现方式的设计师而言，他们的设计理念可以被彻底释放。他们不必拘泥于手绘设计的烦琐过程，而是可以专心梳理所有的设计头绪，从而形成设计理念和设计表现的一体化。从另一个层面来审视当下的情况，计算机的普及使得设计制作过程简单化了，有些设计者甚至变得漫不经心，失去了设计所应有的态度；反观手绘设计，设计者自始至终心无旁骛地围绕着主题进行创作，这无疑是渐入佳境的最好方式。当然，手绘设计要求从业人员具有扎实的专业技能，因为如果缺乏表现形式，有再好的想法也无济于事。手绘技能的训练不可能一蹴而就，手绘者首先需要具有一定的悟性和绘画基础，经过专业培训后，还要经过大量的设计练习，才能掌握效果图的绘制技巧。要想画出一幅漂亮的效果图，需要艰苦的努力和丰富的实践。即便是美术院校的毕业生，经过四年的学习也不一定能够完成一幅精美的效果图。这足以说明两点：一是掌握手绘设计的技法很难，二是理解手绘设计的精髓很难。

最初，设计完全依靠手绘的方式表达出来，设计者手绘水平的高低在一定程度上代表着设计者专业水平的高低，于是人们在进行设计时十分注重效果图，以至于效果图的好坏成了设计作品的判定标准。随着计算机的兴起，手绘效果图的应用逐渐减少，但它仍无法完全被计算机效果图所取代，如在景观设计中，手绘的写意化表现是计算机效果图无法实现的。日本著名设计家佐野宽说过："只有从艺术家到设计家，没有从设计家到艺术家。"

资源与支持

本书由数艺社出品，"数艺社"社区平台（www.shuyishe.com）为您提供后续服务。

资源获取请扫码

配套资源

本书附赠 9 个教学视频，扫描右侧二维码即可在线观看。

与我们联系

我们的联系邮箱是 szys@ptpress.com.cn。如果您对本书有任何疑问或建议，请您发邮件给我们，并请在邮件标题中注明本书书名以及 ISBN，以便我们更高效地做出反馈。

如果您有兴趣出版图书、录制教学课程，或者参与技术审校等工作，可以发邮件给我们；有意出版图书的作者也可以到"数艺社"社区平台在线投稿（直接访问 www.shuyishe.com 即可）。如果学校、培训机构或企业想批量购买本书或数艺社出版的其他图书，也可以通过邮件联系我们。

如果您在网上发现有针对数艺社出品图书的各种形式的盗版行为，包括对图书全部或部分内容的非授权传播，请您将怀疑有侵权行为的链接通过邮件发给我们。您的这一举动是对作者权益的保护，也是我们持续为您提供有价值的内容的动力之源。

关于数艺社

人民邮电出版社有限公司旗下品牌"数艺社"，专注于专业艺术设计类图书出版，为艺术设计从业者提供专业的图书、U 书、课程等教育产品。领域涉及平面、三维、影视、摄影与后期等数字艺术门类；字体设计、品牌设计、色彩设计等设计理论与应用门类；UI 设计、电商设计、新媒体设计、游戏设计、交互设计、原型设计等互联网设计门类；环艺设计手绘、插画设计手绘、工业设计手绘等设计手绘门类。更多服务请访问"数艺社"社区平台 www.shuyishe.com。我们将提供及时、准确、专业的学习服务。

目录 CONTENTS

3

家具、陈设组合表现 / 049

7

多种空间设计手绘表现案例 / 153

附录 快速手绘表现视频案例 / 205

4

马克笔与彩色铅笔上色技法 / 065

"意在笔先"是中国传统造型艺术推崇的至高境界。如果"意"指的是艺术家创造性的活动，"笔"就应该是这个活动过程的形象展示。

SKETCH OF INTERIOR DESIGN

Basics

室内手绘基础知识

1.1 手绘的基础知识

1.1.1 手绘的作用与意义

　　手绘在各个设计领域中有着不可替代的作用，效果图绘画作为传统绘画的延伸，是设计的表达途径之一。手绘既承载着设计师的设计理念和思路，又是设计的表达载体，有着很重要的意义。手绘效果图技法是从事各种设计专业（如建筑设计、园林设计、室内设计、服装设计、工业设计、宴会设计等）的学生都要学习的一门重要课程。在学习效果图技法之前，还要学习素描、色彩、钢笔画、透视等课程。

　　大家喜欢手绘图，主要是因为它生动、方便。与计算机效果图相比，手绘图能够让设计师更直接地同客户沟通。设计师可以根据客户的要求在画纸上表达，与客户面对面沟通。在客户面前展示自己的想法，会更有说服力。（但是施工图应该是规范的平面制图和效果图，设计师可以先手绘，再用计算机制作专业图纸。）手绘是衡量设计师综合素质的重要指标，也是对设计师的基本要求。

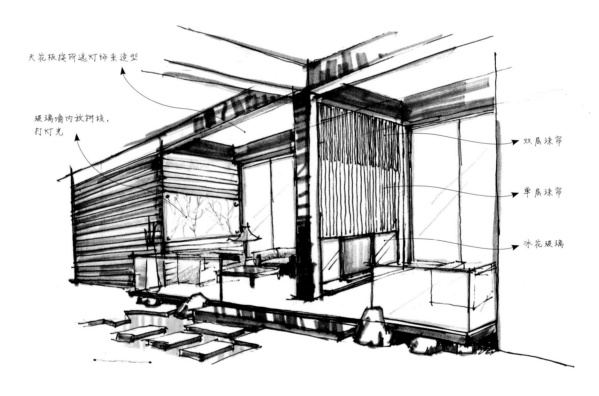

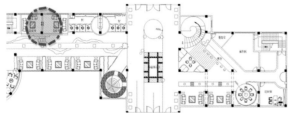

1.1.2 给初学者的建议

对于初学者，建议如下。首先，要了解自己真正想要的是什么，要达到什么程度，要学习哪个大师的风格。其次，要坚持练习，一天画好一根线条都是一种进步。做一件事情就要把它做好，手绘最重要的就是多练习。最后，要看大师的作品。有人说过："看一流的作品，你的作品就是二流的；看二流的作品，你的作品就是三流的；看劣质的作品，你画出来的就是不入流的了。"

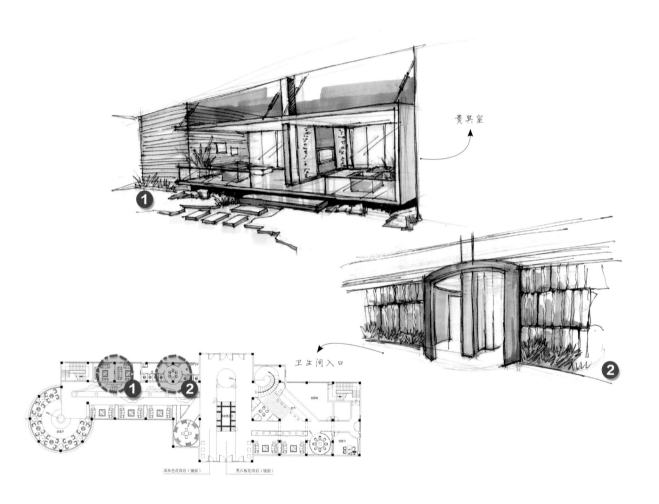

1.1.3 表现工具与材料

铅笔： 最好选用自动铅笔。铅笔的外形不是很重要，铅芯要选择 2B 的，否则在练习的时候会有划痕，影响整洁性和美观性。

针管笔： 通常情况下，建议选用一次性针管笔，型号选择 0.2 即可，品牌选择三菱或者樱花都可以。对于初学者来说，前期可以使用晨光会议笔，价格便宜，性价比很高。切记不可选用水性笔或圆珠笔。

钢笔： 可选择红环的美工钢笔，适合绘制很硬朗的线条。切记不可用普通的书法美工钢笔。

草图笔： 建议选择派通的草图笔，粗细可控，非常适合画草图。

马克笔： 初学者选用国产 TOUCH 3 代或者 4 代都可以，价格便宜，但墨水不是很充足。有一定条件的同学可以选择 my color、三福、AD 等品牌的马克笔。

高光笔： 建议选择三菱牌修正液和樱花牌提亮笔。

彩色铅笔：选择马克 72 色彩色铅笔或者酷喜乐 72 色水溶性彩色铅笔均可。

其他：如水彩、色粉笔等材料，可根据情况选择。

1.1.4 握笔的姿势

握笔的姿势通常有三点需要注意。

首先，笔杆尽量与纸面保持 30°，这样线条比较容易控制，也能用上力量。

其次，笔杆与画的线条尽可能呈 90°。这个不是绝对直角，尽量做到就可以，这也是为了能更好地用力。

最后，手腕不可以活动，要靠手臂运动来画线。画横线的时候主要靠手肘的力量，画竖线的时候主要靠肩部的力量，画短的竖线时手指用力即可。

1.2 线条练习

1.2.1 对线条的认识

直线

直线是手绘练习中应用得最多的线，也是效果图中最主要的表现形式。直线分慢线和快线两种。慢线比较容易掌握，但是缺少技术含量，已经逐渐被淘汰。但是如果构图、透视、比例等关系处理得当，慢线也是可以表现出很好的效果的。国内有很多名家都是用慢线来画图的。与慢线相比，快线所表现的画面更加具有视觉冲击力，更加清晰和硬朗，富有生命力和灵动性。但是快线较难把握，需要通过大量的练习和不懈的努力才能画好。

画快线的时候，要有起笔和收笔。起笔的时候把力量积攒起来，在运笔的过程中思考线条的角度、长度，线画出去的时候就如箭离弦，果断、有力地击中目标，收笔就相当于这个目标。当然，后期也可以把线"甩"出去，这属于比较高级的技法。注意，起笔可大可小，可根据个人的习惯而定，这个不是绝对的。因为运笔方式不同，竖线通常比横线难画。一般很长的竖线，为了确保不画歪，我们可以选择分段处理，但是注意分段的地方一定要留有空隙，不可以将线接在一起。画第一根竖线时可以参照图纸的边缘，以便使竖线处于垂直状态。画竖线也可以适当采取画慢线的方法或者抖动的方法。

曲线

画曲线的方式要根据画面的情况而定。草图可以用快线的方式来画；如果要画很细致的图，为避免画歪、画斜而影响整体效果，可以用慢线的方式来画。

乱线

在塑造植物、纹理的时候，通常会用到乱线的处理方式。

1.2.2 排线练习

下图是各种排线练习效果。不同的线条能表现出不同家具陈设和材料的质地，从而影响设计作品的效果。

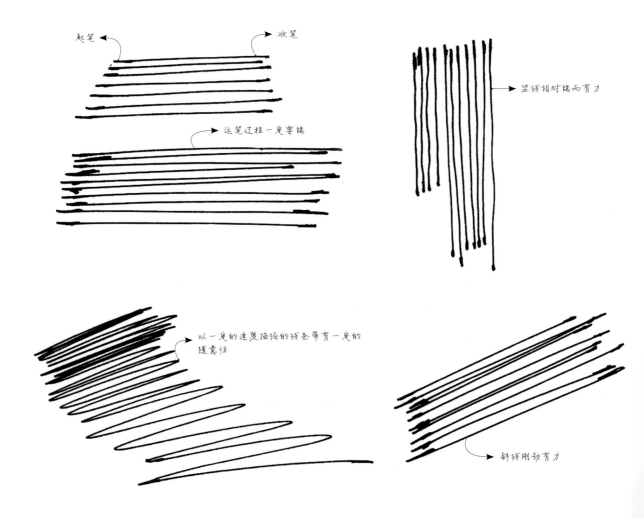

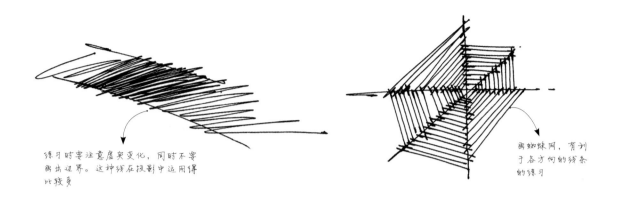

练习时要注意虚实变化，同时不要画出边界。这种线在投影中运用得比较多

画蜘蛛网，有利于各方向的线条的练习

线条的练习需要坚持才能收到好的效果。线条的练习主要包括直线（横直线、竖直线、横竖交叉线、斜直线、斜线交叉线）、曲线（横曲线、竖曲线、斜曲线、曲线交叉线）、弧线、圆线、乱线的练习。不同线条的练习如下。

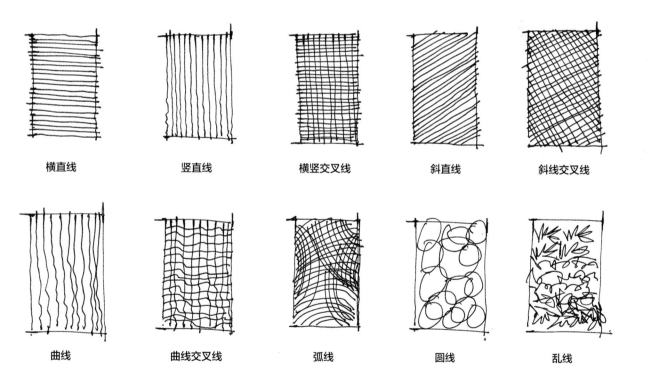

横直线　　　　竖直线　　　　横竖交叉线　　　斜直线　　　　斜线交叉线

曲线　　　　曲线交叉线　　　弧线　　　　圆线　　　　乱线

1.2.3 几何体排线

几何体排线的方向，通常由右上方向左下方进行往返排列。这种排线的方法在素描中用得最多。也有自上而下、自左至右进行排线的。为了表现或者衬托某一个物体，往往是先按照它的边线形状进行排线，然后由右上方至左下方进行排线。一根根线条的轻重直接影响着画面的深浅和调子的变化。在排线时，要避免线的两端深、中间浅，要力求线条均匀。调子不是一次排线就能获得的，常常需要多次排线才能成功。第二次排的线不要与第一次排的线相平行，否则会造成有的线条重复而显得太深，而有些位置又形成空白，使调子不均匀。要让前一次排线与后一次排线相互交错，使线与线交错成菱形。这样，线条的多层排列就可以达到预想的调子。

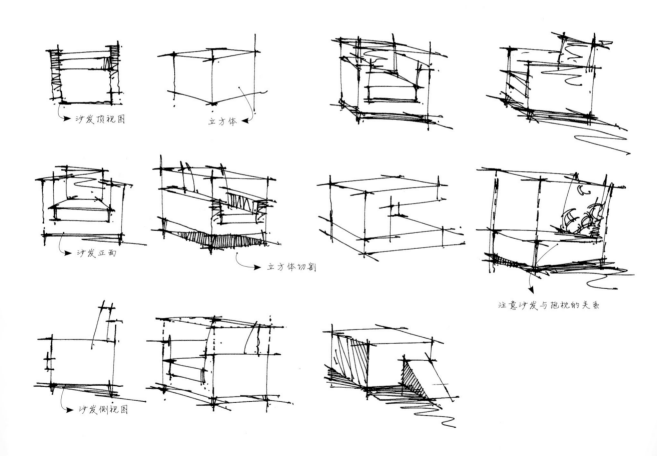

沙发顶视图

立方体

沙发正面

立方体切割

注意沙发与抱枕的关系

沙发侧视图

　　练习穿插与拆解的目的是把握形体的透视和整体感。面对一个立方体，根据造型构思进行穿插和拆解，可训练空间感觉与基本光影表现。

1.3 透视的基本概念与运用

1.3.1 一点透视

一点透视的概念

一点透视又称平行透视。当物体的一个主要面平行于画面，其他面都垂直于画面，斜线都消失在一个点上，这样的透视就是一点透视。在进行一点透视作画时，要记住这一点：所有横线都绝对平行，所有竖线都绝对垂直，所有有透视的斜线都相交于一个消失点（Vanishing Point，V.P，也称灭点）。

消失于一点的隧道

一点透视作画具体步骤

01 先确定内墙面 A、B、C、D 四点，高度设定为 3m，宽度设定为 5m，每段刻度等长。确定视平线（Horizon Line，H.L）高度（一般为 1m 左右），消失点偏右，由消失点作为起点，向 A、B、C、D 四点画出延长线，画出 CD 线段的延长线，得到 a、b、c、d、e（进深具体数量），每段刻度与内墙刻度一致。

02 在视平线上确定测量点 M（根据画面任意确定），由测量点 M 作为起点，向内墙各刻度点画出延长线，与透视线相交，从所得各点画出地面上的水平线，与地面上的垂直线相交，所得每格面积皆为 1m×1m。

03 根据平面布置图画出家具位置，慢慢完善家具。

04 完善画面细部，完成一点透视作画。

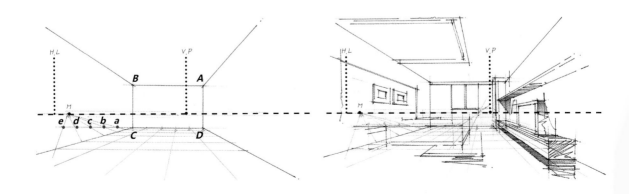

一点透视的特点

一点透视比较容易学习和掌握，但是画起来比较耗时。空间中的横线与竖线的角度为90°。适合表现严肃、庄重、大方的空间。

1.3.2 两点透视

两点透视的概念

两点透视又称成角透视。顾名思义，两点透视必有 V_1 和 V_2 两个消失点，这两个消失点都位于视平线上。向左倾斜的线都消失于 V_1 这个点，向右倾斜的线都消失于 V_2 这个点。

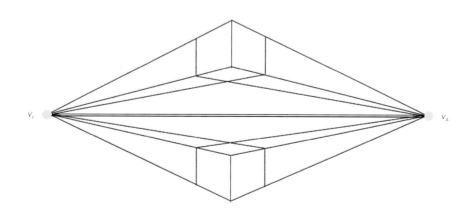

两点透视作画具体步骤

01 画线段 *AB*，确定屋高（3m），每段刻度等长。*AB* 为内墙角。

02 画视平线，与 *AB* 垂直相交。

03 确定两个消失点 V_1、V_2，连接点 *A*、V_1 并延长，连接点 *A*、V_2 并延长，确定一个透视空间。

04 在点 *B* 与 V_1、V_2 的连接线的延长线上画出空间宽度（*a*、*b*、*c*、*d*、*e*、*f*、*g*、*h*、*i*、*j*），每段刻度等长（1m）。

05 在视平线上确定测量点 M_1、M_2（根据画面确定）。

06 用地平线宽度等长点 *a*、*b*、*c*、*d*、*e* 分别连接 M_1，用地平线宽度等长点 *f*、*g*、*h*、*i*、*j* 分别连接 M_2，得出每格面积皆为 1m×1m。

07 根据平面布置图画出家具的位置，慢慢完善家具。

08 完善画面细部，完成两点透视作画。

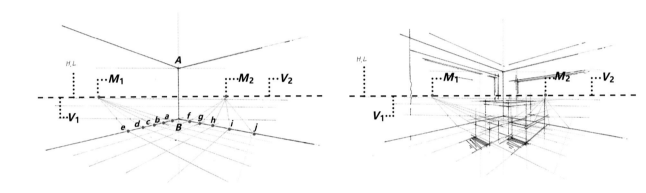

两点透视的特点

对于初学者，两点透视比一点透视更难掌握，但这是手绘表现中最常用的透视方法。两点透视表现出的空间自由、灵动，给人的感觉更舒服。

1.3.3 几何体与空间透视的关系

在手绘表现中，无论是家居空间还是商业空间，其中的物体都是由几何体演变而来的。在空间透视中，应该多用几何体来练习对透视的把握。效果图反映的是空间内不同的形体组合，形体的表现是衡量效果图的标准之一，要注意结构、透视、比例。

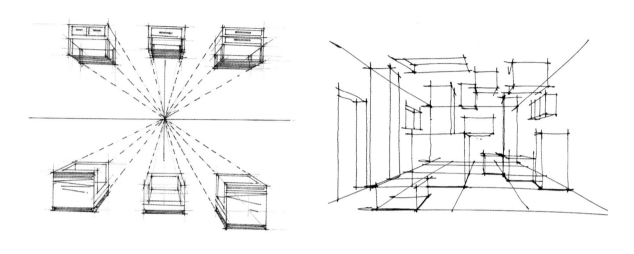

通过了解几何体在空间中的位置，可以掌握其透视、比例和尺寸关系。

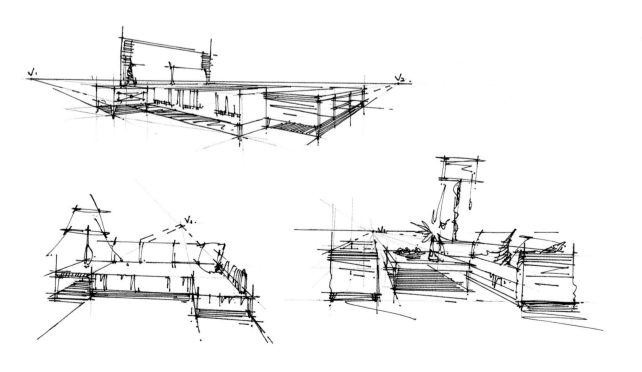

故不积跬步，无以至千里；不积小流，无以成江海。

2

SKETCH OF INTERIOR DESIGN

Performance

家具、陈设单体与人物表现

2.1 家具单体表现

对于初学者，建议练习画单体对象，可以多画些钢笔速写，这样能够提高观察能力和表现能力。

下笔之前，要先认真分析所画对象的形体关系，准确地描绘形体结构。画时要注意对整体关系的把握，如明暗、主次关系，不要被细节所限制。特别是在进行快速表现的时候，不要太过拘谨。

2.1.1 家具单体绘制步骤

餐椅表现步骤

01 用长方体来把握整体透视。

02 在长方体中切出餐椅的大体轮廓。

03 进行最后的修饰和细化。

办公椅表现步骤

01 用单线归纳出办公椅的形体，注意对透视的把握。

02 在大概形体正确的情况下添加办公椅的扶手和腿。

03 完善形体，再进行细节深入。

沙发表现步骤

抱枕

01 用锥台来概括沙发的形体。

02 切出沙发的大体轮廓。

03 进行最后的修饰和细化。

床头柜表现步骤

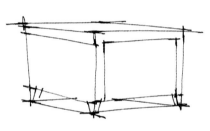

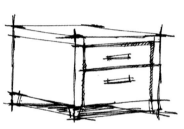

01 用长方体来把握整体透视。

02 在长方体中切割出大体的床头柜形状。

03 进行最后的修饰和细化。

床表现步骤

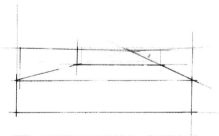

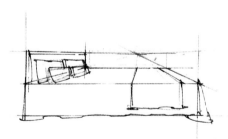

01 用单线画出床的轮廓，将形体归纳为长方体。

02 画出床单的布褶效果及其他部分的大体细节。

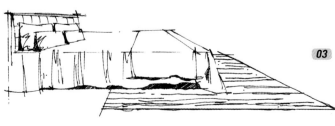

03 完善床单的布褶，丰富床单的细节，将其他部位的细部阴影深化。

> **TIPS**
>
> 　　在绘制一些形体接近长方体的对象时，可以把它想象成一个盒子。有了盒子的概念后，就可以按单体的基本尺寸和比例关系来进行结构的划分，然后进行细节刻画。这种方式适合初学者使用，熟练以后就自然脱离了盒子。

2.1.2 桌椅表现

　　桌椅在家居陈设中扮演的角色逐渐趋于多样化。用户不仅要求它使用起来方便、舒适，而且要求它的款式、风格与家居装饰的整体效果相互协调。

餐椅

餐桌

办公椅

2.1.3 床表现

在家居陈设中，床及床品可谓重头戏。古代的床兼具多重功能——写字、读书、饮食等活动都可在床上放置的案几上完成。现在，床是专供人休息的家具，虽说床的功能单一，但这单一功能被放大了。人们对床的造型、面料、色彩、舒适度等方面的需求都在不断提高。

2.1.4 床头柜表现

床头柜是卧室家具中的小角色，它们一左一右，"心甘情愿"地衬托着卧床，就连它的名字也是因补充床的功能而产生的。床头柜通常用于收纳一些日常用品及放置床头灯。

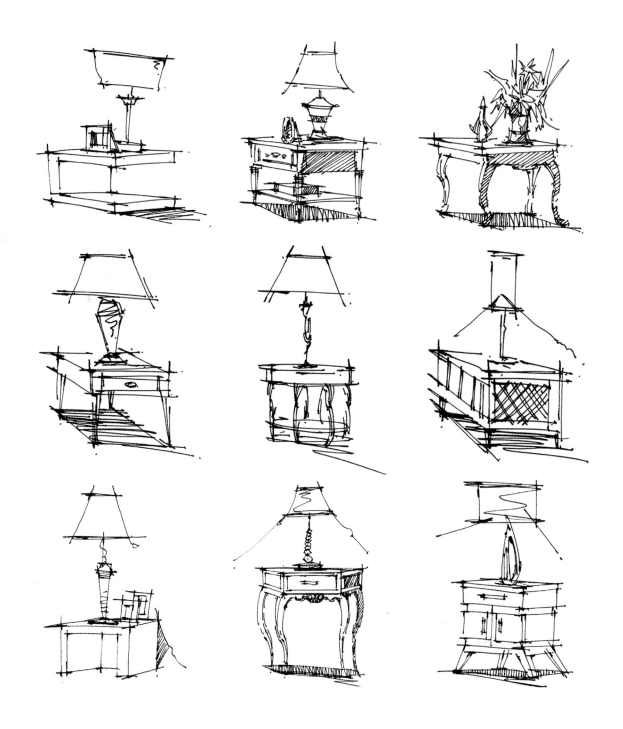

2.1.5 沙发表现

　　沙发作为一种软座，舒适性较椅子更佳。它是家居陈设的重要组成部分，无论是造型、色彩、质地还是实用性，都体现了人们的审美水平和生活品质。

2.2 陈设单体表现

2.2.1 陈设单体绘制步骤

马桶表现步骤

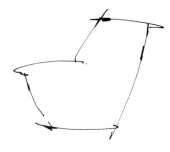  

01 先画出马桶的大体形状。　　**02** 进行形体切割，得出形体内部层次。　　**03** 进行最后的修饰和细化。

电视机表现步骤

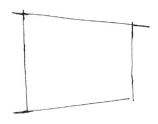 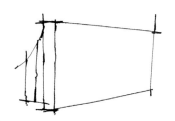 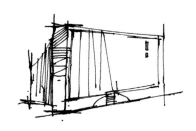

01 用几何体画出形体的透视和走向。　　**02** 进行切割，得出形体的结构。　　**03** 完善形体，再进行细节深入。

灯饰表现步骤

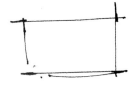 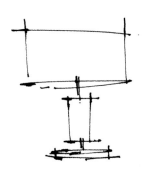 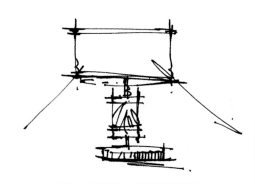

01 先从灯罩的大体形体入手绘制。　　**02** 进行装饰底座的形体概括。　　**03** 完善形体，再进行细节深入。

装饰品表现步骤

01 先从植物的大体形体入手绘制。

02 进行装饰瓶的形体概括。

03 完善形体，再进行细节深入，描绘阴影部分。

2.2.2 卫浴表现

在洁具中，出现最多的材质是陶瓷、搪瓷生铁、搪瓷钢板、水磨石等。随着建材技术的发展，玻璃钢、人造玛瑙、不锈钢等新材料又相继出现。

卫浴器具的种类繁多，对其共同的要求是表面光滑，不透水，耐腐蚀，耐冷热，易于清洗和经久耐用。

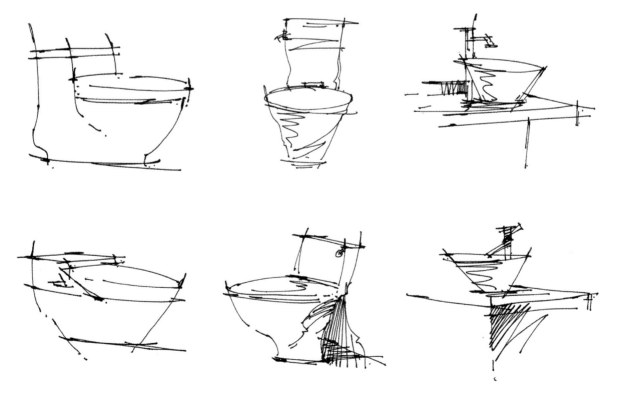

2.2.3 玄关表现

玄关在现代家居中一般有丰富空间、过渡空间、隔开空间的作用。在家居中，玄关虽然面积不大，但使用频率较高，是进出家门的必经之处。

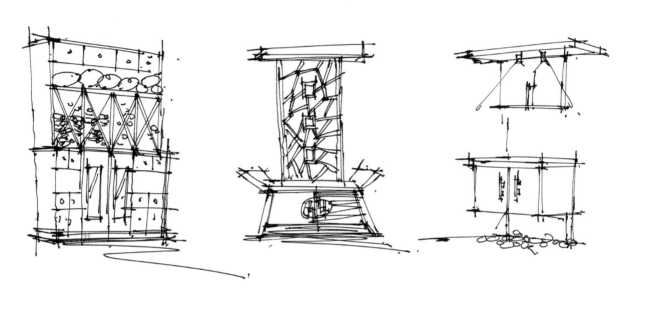

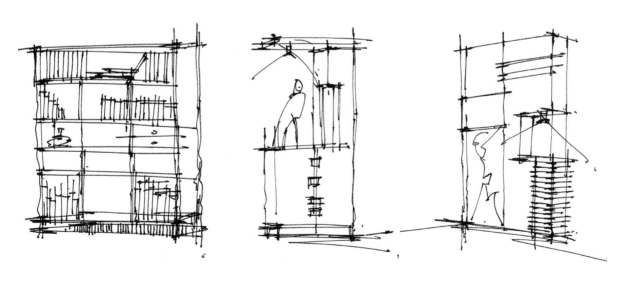

2.2.4 植物表现

　　植物能够影响环境氛围，丰富空间，是室内不可缺少的重要元素。植物安排应服从整体空间，同时要根据植物所在的位置来确定刻画的细致程度，有的需要写实，有的需要轻描淡写。

2.2.5 台灯表现

在现代家居生活中，台灯不仅具有照明功能，而且可以充当一件艺术品、陈列品。随着人们的生活水平、审美水平的提高，人们对灯具的外观造型、光源变化的追求也在加强。精心设计的灯饰能使客厅温馨、明亮，使卧室幽静、舒适，使书房用途专一化。

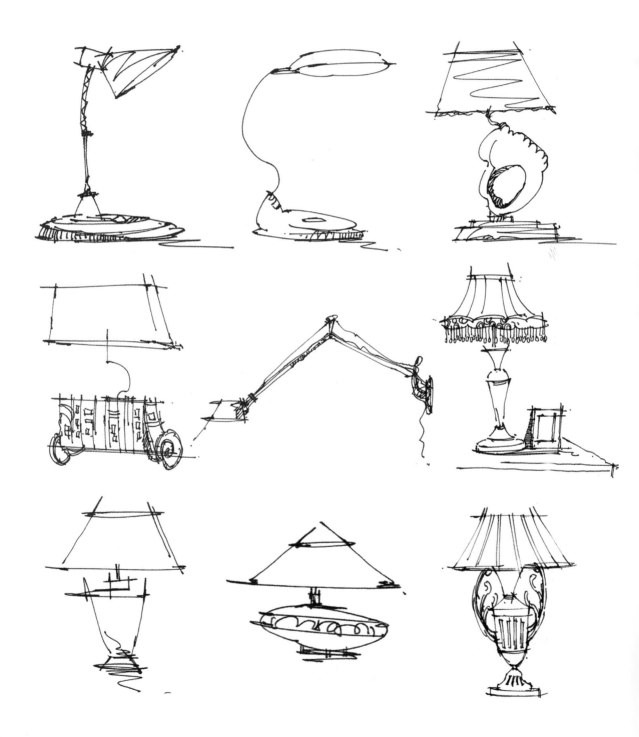

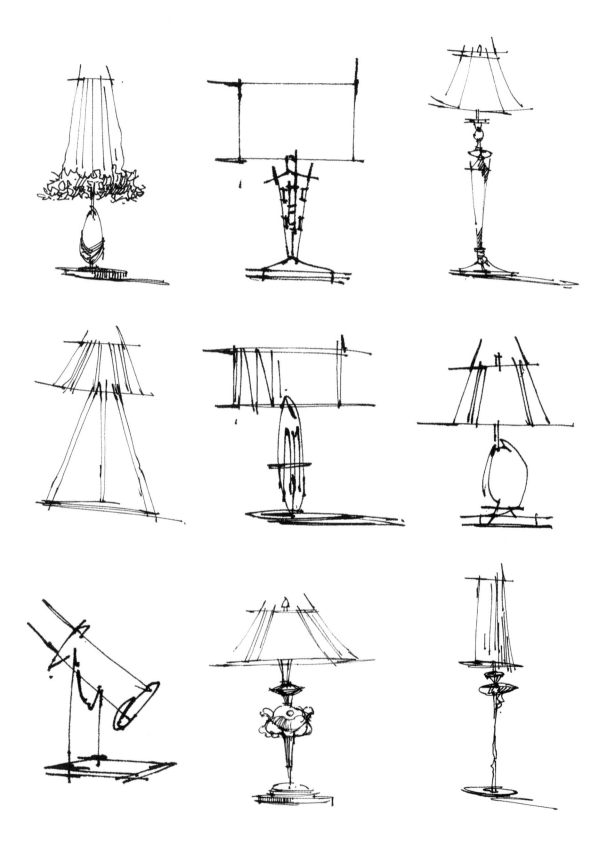

2.2.6 家用电器表现

家用电器已成为人们现代生活的必需品，如电视、计算机、洗衣机、冰箱、微波炉等。

室内设计师不仅要了解家用电器的品牌、功能、尺寸、外形及使用方法，而且要清楚家用电器的安装程序和安装位置。

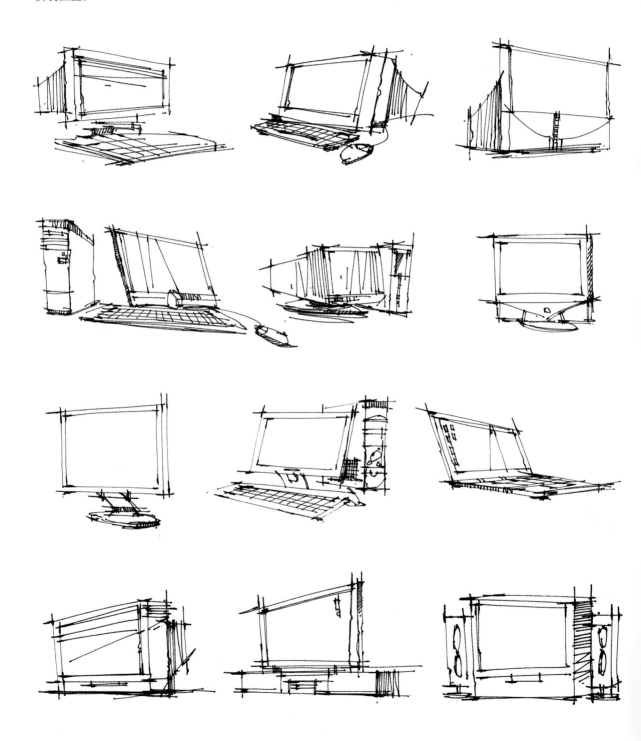

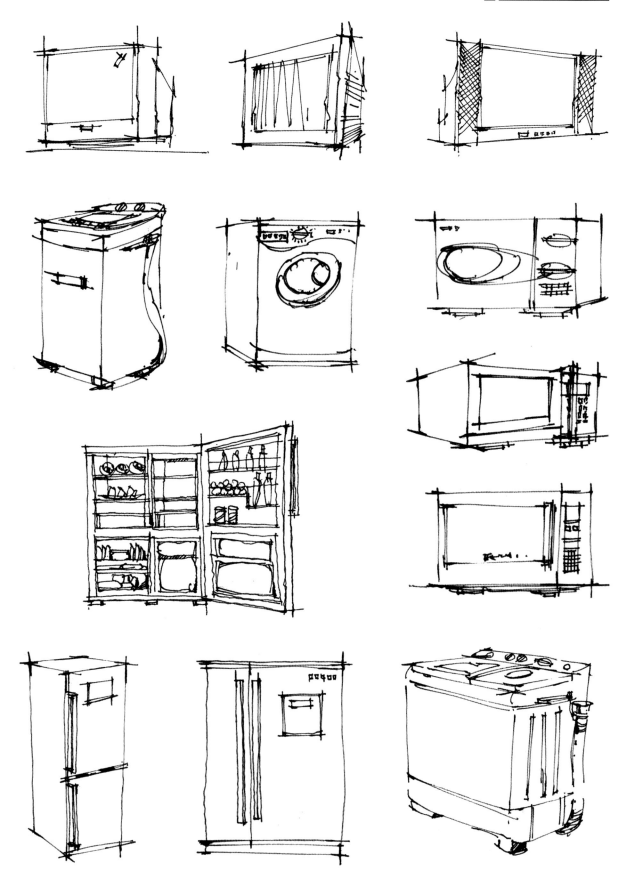

2.2.7 装饰品表现

　　装饰品是强化室内风格不可或缺的元素，在手绘时一般采用轻描淡写的方式处理。不同的装饰品在绘制方法、用笔方式上也不尽相同。

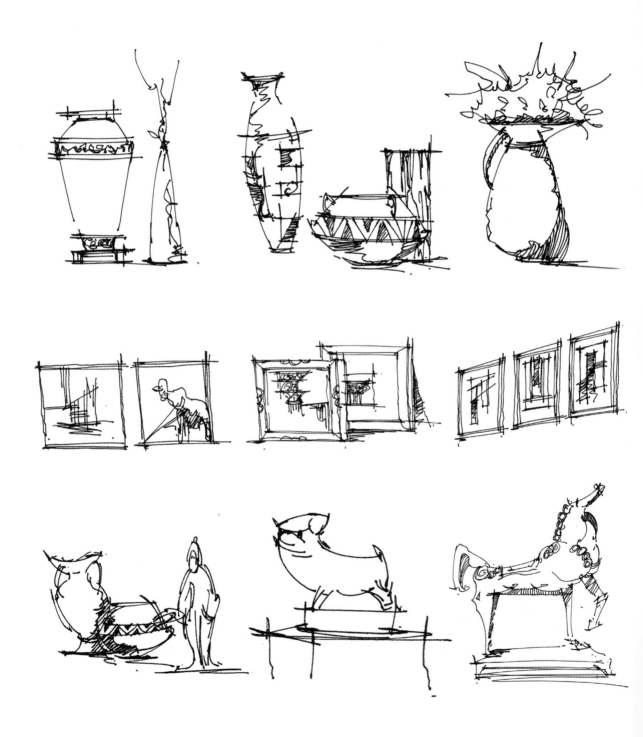

2.3 人物表现

在空间中绘制人物，可以起到点缀的作用。但有些情况下，为加强画面气氛，也可以将人物作为重要配景予以表现。特别是在大场景效果图的创作中更是如此。

2.3.1 人物站姿表现

2.3.2 人物坐姿表现

合抱之木，生于毫末；九层之台，起于累土；千里之行，始于足下。

3

SKETCH OF INTERIOR DESIGN

Performance

家具、陈设组合表现

3.1 家具组合表现

3.1.1 桌椅组合表现

对于桌子、椅子这样的家具，在表现时既要把形体画准确，又要注意透视关系。同时需要画出其暗面和投影，以增强立体感。

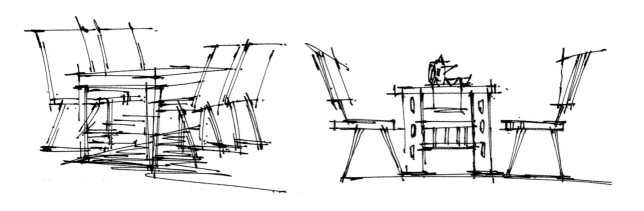

3.1.2 床体组合表现

　　床体组合表现中，构造与材质的表现是关键，其次是明暗关系、色彩变化。床的品种繁多，质地多样，表现不同的床体，采用的绘制方法、用笔方式也有所不同。

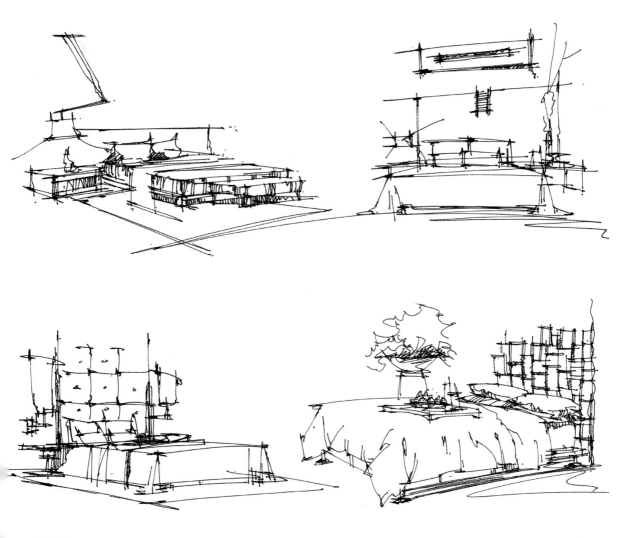

3.1.3 沙发组合表现

绘制沙发组合时要注意以下几点。

（1）沙发、抱枕的重叠和交界处可以稍微加重笔触。

（2）处理好转折与交界的关系。

（3）注意组合中前后两个物体的衔接，以及虚实感、空间感。

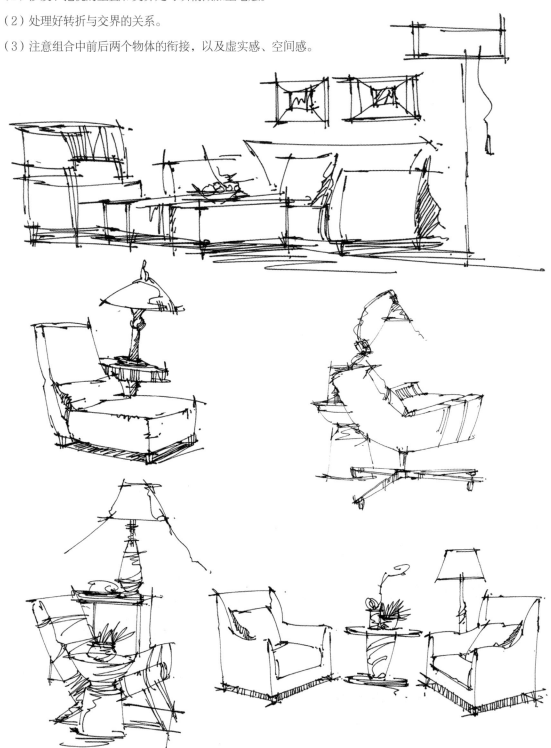

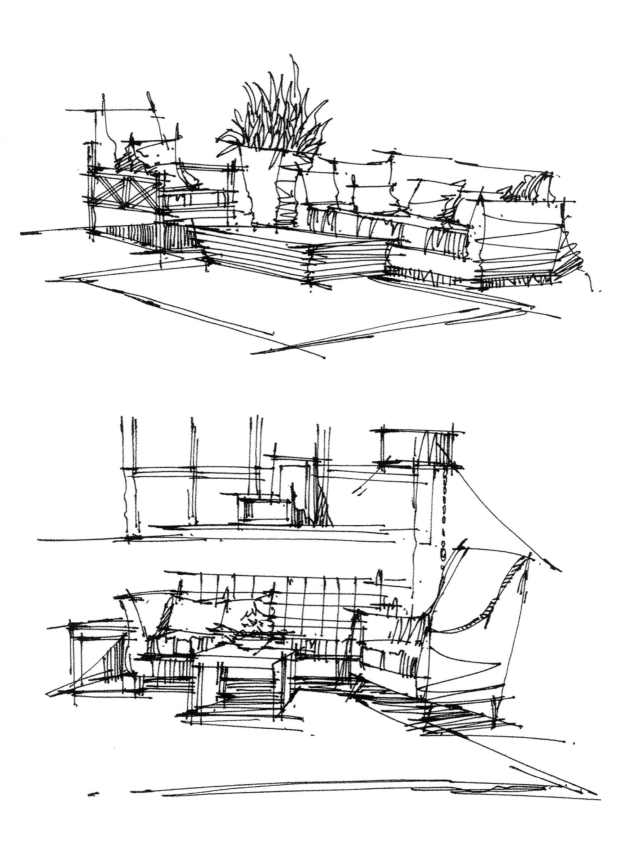

3.2 陈设组合表现

3.2.1 办公陈设组合表现

注意表现出办公空间的装饰特点，通常以计算机、书作为空间的点缀细节。

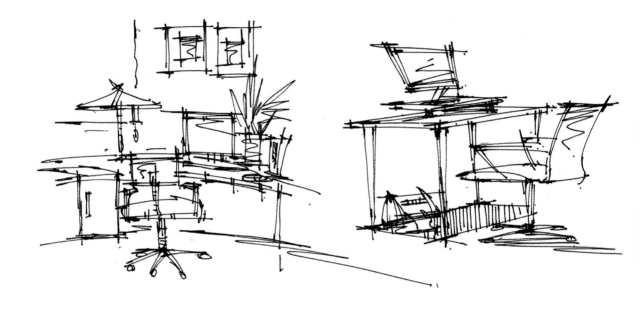

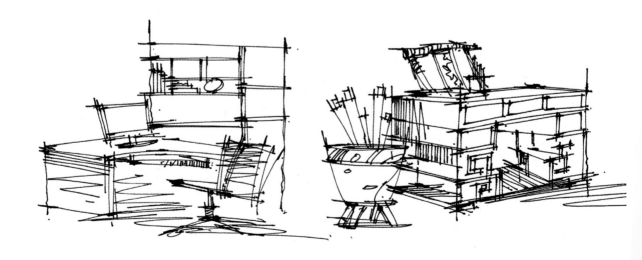

3.2.2 卫浴陈设组合表现

在画卫浴陈设的同时可以设置一些配饰，如花、浴巾等，让画面更生动。

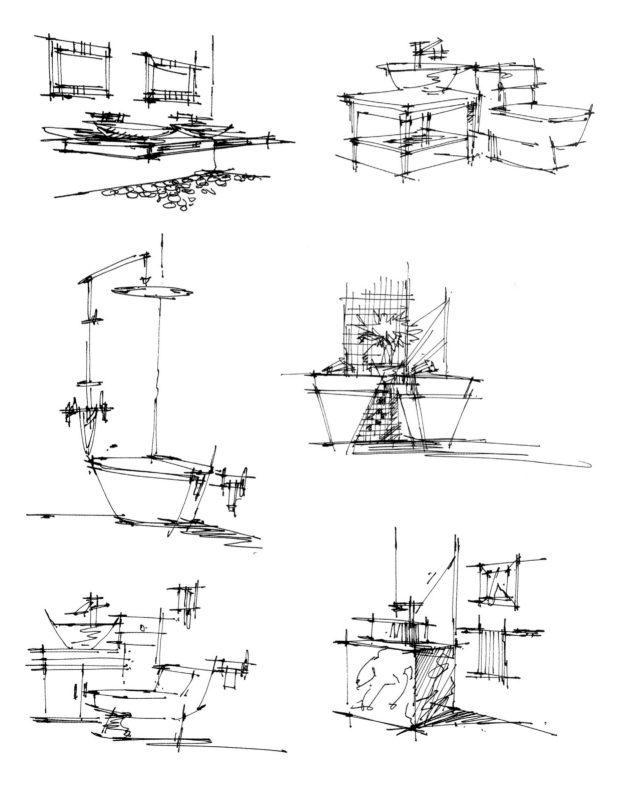

3.2.3 卧室陈设组合表现

卧室中，各种陈设的形态不同，材质不同，大小不同，位置不同，因此刻画程度不同，所采取的绘制手法也不同。

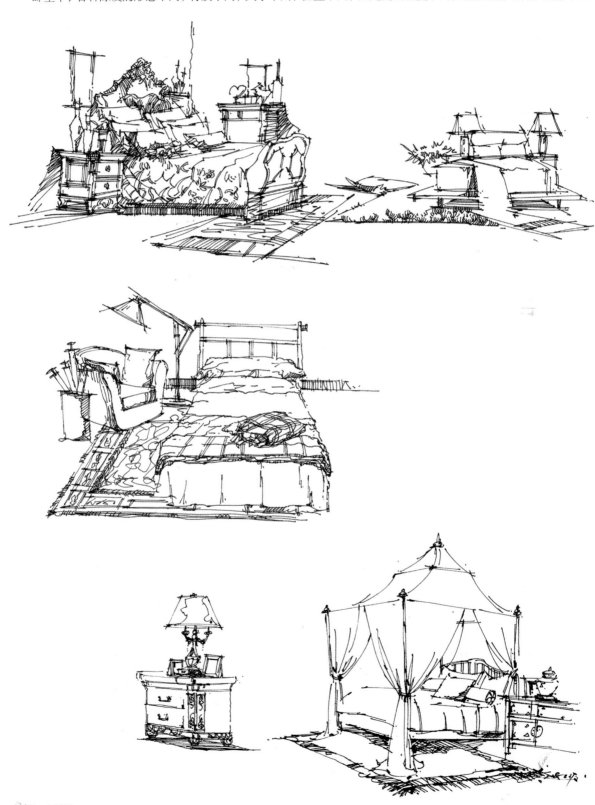

3.2.4 客厅陈设组合表现

　　在进行客厅陈设的绘制时，大而规则的陈设品应注重其特征的表现，不规则的陈设品应从情趣性入手，小的陈设品则应着重通过印象和感受绘制。

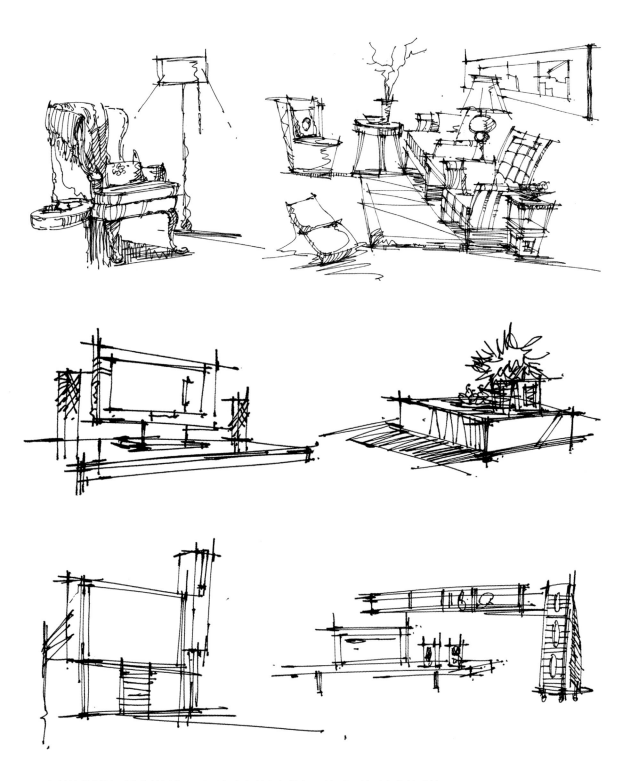

家具的绘制既要讲究情景化，又要考虑家具之间的相互关系，以及它们的功能。

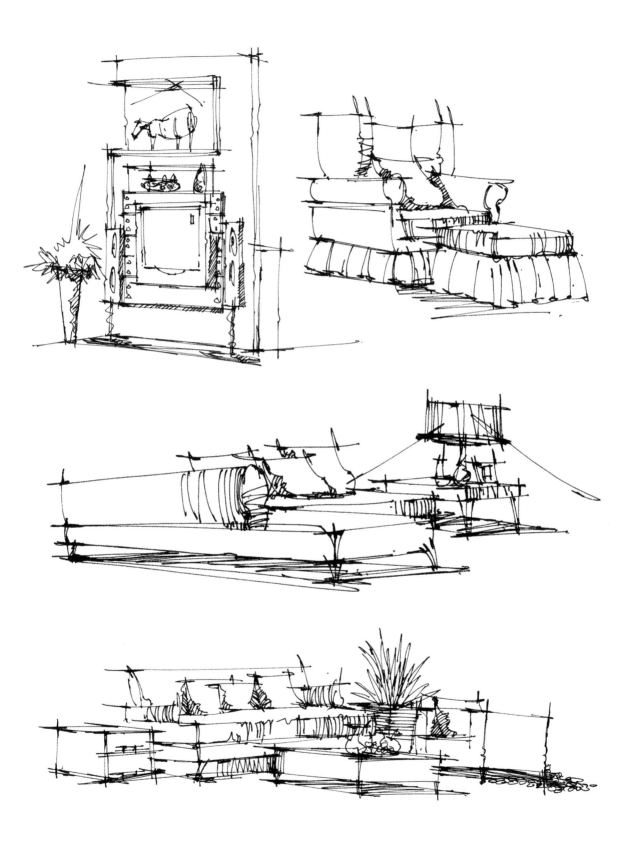

创新，设计之本；生活，设计之源。

4

SKETCH OF INTERIOR DESIGN

Coloring

马克笔与彩色铅笔上色技法

4.1 色彩知识讲解

　　设计色彩不是绘制色彩，不能只停留在感觉的层面上。在效果图绘制中，所应用的色彩应该是经过深思熟虑的，绘画者应该能够运用相关的理论去分析，使用色达到让人信服的效果。

4.1.1 色彩的三要素

　　色彩的三要素又称色彩的三属性。任何一种色彩都同时含有三种属性，即色相、明度、纯度。它们是色彩中最重要、最稳定的要素，而且相对独立、互相关联、互相制约。

色相

　　色相指色彩的"相貌"，它具有最明显的特征。色谱中红、橙、黄、绿、青、蓝、紫等不同的色彩，便是以色相作为区别而定的名称。

明度

　　明度又称亮度，是色彩呈现的深浅程度。一般来说，色彩浅则明度高，色彩深则明度低。

纯度

　　纯度指色彩的纯净程度，也称饱和度、彩度。纯度越高，颜色越鲜艳；纯度越低，颜色越灰暗。

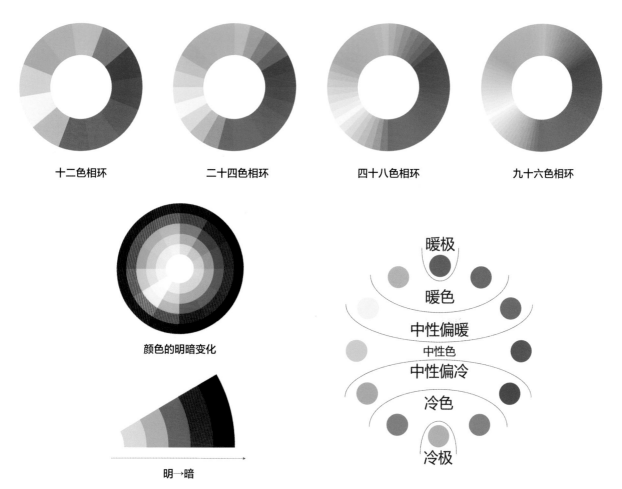

十二色相环　　　二十四色相环　　　四十八色相环　　　九十六色相环

颜色的明暗变化

明→暗

暖极

暖色

中性偏暖

中性色

中性偏冷

冷色

冷极

4.1.2 色彩的形成

在效果图绘制中，物体表现的色彩由光源色、固有色、环境色三者组合而成，同时还受一定主观性的影响。在研究物体表面的颜色时，固有色是最重要的，同时也要将光源色和环境色考虑进去。

光源色 + 固有色 + 环境色 + 一定的主观性 = 手绘表达的色彩

环境色

光源色

固有色

光源色

光源色是指由各种光源（标准光源：①白炽灯；②太阳光；③有太阳光时所特有的蓝天的昼光）发出的光的颜色。光波的长短、强弱、性质不同，形成的光源色也不同。

固有色

固有色就是物体本身的色彩。在绘画中，人们习惯把物体在阳光下呈现出来的色彩称为固有色。也可以将物体在常态光源下呈现出来的色彩理解为固有色。

环境色

环境色是指周围环境反射在物体上的颜色。

主观性

绘画是对客观物象的再现，强调的是具象性；而手绘效果图则是对创作对象进行表达，突出的是主观认识。因此，在手绘效果图的色彩表现上，主观性所占的比重非常大。

4.1.3 冷暖色调

暖色调

暖色调是指红色调、橙色调和黄色调等色调。暖色调亲和力强，能给人热情、温暖、喜庆的感觉。在室内空间中多用于家具，也常用于特殊环境气氛的营造。

冷色调

冷色调主要是指蓝色系的色调，包括蓝紫色、蓝绿色等。冷色调给人以遥远、凄美、凉爽、理智和稀薄的感觉，富有流动感与现代感。冷色调主要用于表现现代办公环境、高科技产品等。

中性色调

中性色调一般包含两个方面的内容：一是有彩色中的紫色系，它没有明显的冷暖倾向，而紫色属于间色，由红色和蓝色两种原色混合而成，若其中某种原色比重略大，则会产生一定的冷暖倾向；二是无彩色中的黑色、白色、灰色，它们也没有明显的冷暖倾向。

4.2 马克笔的应用

4.2.1 马克笔的介绍

20世纪90年代，水性马克笔比较流行，也产生了很多经典的作品。但是随着材料科技的发展，目前油性马克笔已经占领了绝对的市场。

水性马克笔不太好掌握，而且很容易把图纸弄破，不适宜反复涂抹，在速度和时间上不占优势。油性马克笔更适合初学者用来练习，很容易被掌握。

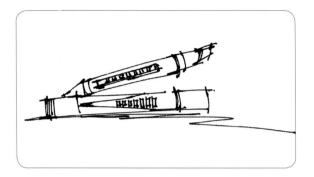

三福马克笔

这种马克笔的整体颜色偏灰，色调比较稳重，笔头较软，一开始用起来可能不太习惯。该品牌价格偏高。

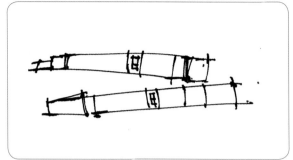

AD 马克笔

这是"神级"的马克笔，颜色很正，出水较多，初学者不容易控制。价格偏高，18~20元一支，可以在有了一定的绘画基础后再买这种笔绘制作品。

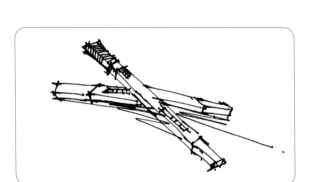

TOUCH 马克笔

这种马克笔的笔头较硬，容易控制，在建筑表现上比较突出。其色彩要比三福马克笔艳丽一些，视觉效果也好一些，适合初学者练习使用。这种马克笔是市面上最常见的，但是容易买到假货。假的马克笔颜色会显得比较脏。

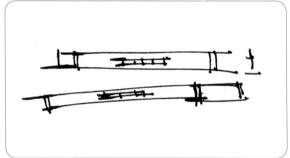

樱花马克笔

这种马克笔的笔头较小，笔触也显得比较小气，现在基本上已经被淘汰了。

TIPS

除上述品牌外，还有很多种马克笔，目前统计到的马克笔品牌有一百多种，在这里就不一一介绍了。上面给大家介绍的都是比较常见的马克笔，在后面的教学中是以 TOUCH 和斯塔的马克笔（斯塔和 TOUCH 是一种色系的产品，所以颜色也是一样的，只是品牌不同而已）作示范的。

4.2.2 室内马克笔常用色谱

TOUCH 马克笔全谱

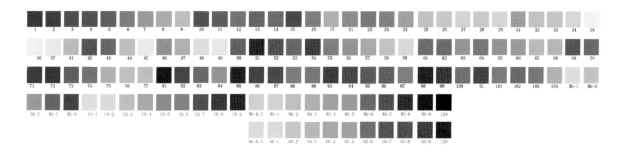

灰色系

蓝灰色系： BG1、BG3、BG5、BG7、BG9。

绿灰色系： GG1、GG3、GG5、GG7、GG9。

冷灰色系： CG0.5、CG1、CG2、CG3、CG4、CG5、CG6、CG7、CG8、CG9。

暖灰色系： WG0.5、WG1、WG2、WG3、WG4、WG5、WG6、WG7、WG8、WG9。

木头材质色

97、102、103、104。

不锈钢材质色

BG-3、BG-5。

室内常用色

1、4、6、9、11、15、22、23、25、28、32、36、37、42、43、46、47、48、49、50、53、54、56、57、63、65、66、68、70、73、74、75、76、82、84、88、92、94、95、97、98、102、103、104、120、BG3、BG5、WG1、WG3、WG5、WG7、CG1、CG2、CG3、CG4、CG5、CG7、GG3、GG5。

4.2.3 马克笔的用法

使用马克笔常出现的问题

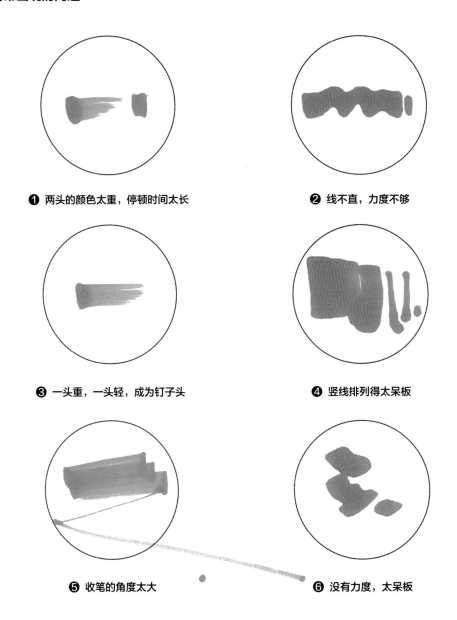

① 两头的颜色太重，停顿时间太长

② 线不直，力度不够

③ 一头重，一头轻，成为钉子头

④ 竖线排列得太呆板

⑤ 收笔的角度太大

⑥ 没有力度，太呆板

出现以上问题，主要原因往往是对马克笔的熟悉程度不够。我们如果拿钢笔或铅笔去画建筑速写，就会感觉比较简单，因为我们每天都在使用这些工具；相比之下，马克笔在平时很少用到，所以刚开始用时会有些不顺手。要掌握马克笔的使用技巧，我们应该从认识它的笔法开始。

马克笔笔法练习

笔者在以往的实际项目中总结了以下几种笔法，供大家参考。

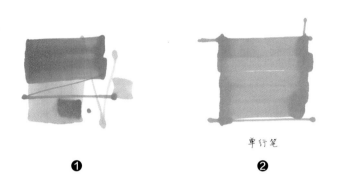

单行笔

❶

❷

❶ 从上往下排列，注意笔触之间的重叠要紧密。结尾处要疏松一些，可以转换一下笔头，倾斜角度不要太大，再继续画第二种颜色。注意颜色的重叠要过渡自然。

❷ 从上往下排列，注意笔触之间的重叠要紧密，长度要保持一致。

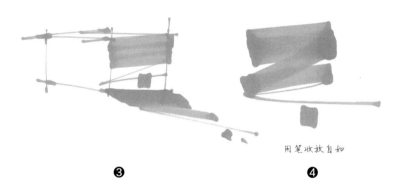

用笔收放自如

❸

❹

❸ 先用马克笔画出立方体，再表现明暗。投影用笔头侧锋进行拖笔。

❹ 从上往下排线，在转折处快速转换笔头，形成疏密有致的关系。

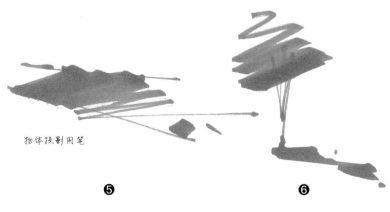

物体投影用笔

❺

❻

❺ 投影用笔一定要自然，要注意虚实感，并加强物体的纵深感。

❻ 笔头快速变换练习。

4.3 彩色铅笔的应用

4.3.1 彩色铅笔的介绍

彩色铅笔分为水溶性和非水溶性两种。水溶性彩色铅笔质地细腻，如果与水结合使用，可产生一定的水彩效果。在用彩色铅笔绘制时要注意笔触统一，力度均匀，避免画面用色杂乱，以保证画面的涂色效果。

不同品牌的彩色铅笔的质地有一定的区别，在绘制效果上也各有千秋。如果要绘制专业效果图，在品牌选择方面应有所讲究。

4.3.2 彩色铅笔笔触表现

使用彩色铅笔时，要充分利用其软硬、粗细、角度的变化来刻画物体的特征。另外，笔尖削出的形状也会直接影响表现的效果。

4.3.3 用笔技巧

（1）笔触的轻重缓急变化会对表现效果产生一定的影响。

（2）笔触的形态可产生丰富的韵律美。

（3）笔触的形态可起到塑造物象结构的作用。

4.4 单体着色

上色可以从单个物体入手。尽量在短时间内表现出物体的形体特征和色彩特征，不必过多地进行刻画。上色时最重要的是保持轻松自然的心态，不要拘谨，但要有一定的约束。色彩是为形体服务的，因此色彩应该顺应物体的结构，能够表现物体之中的转折，让形体真正在画面中凸显出来。色彩应该具有说服力和表现力。

4.4.1 单体着色步骤解析

抱枕着色步骤解析

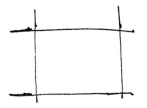

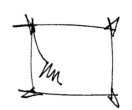

01 用四条线画出矩形。

02 确定抱枕的外轮廓，绘制出明暗交界线。

03 在抱枕的暗部排线，表现阴影。

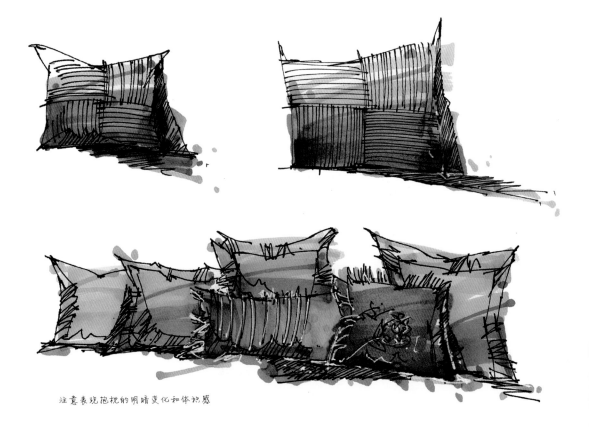

注意表现抱枕的明暗变化和体积感

双人沙发着色步骤解析

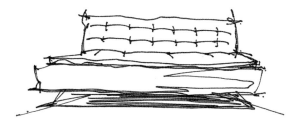

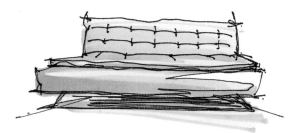

 **01** 把握透视，绘制好沙发的形体。

02 用马克笔为沙发涂上大体颜色。

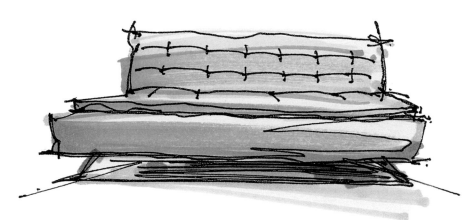

03 继续上色，拉开沙发颜色的层次。

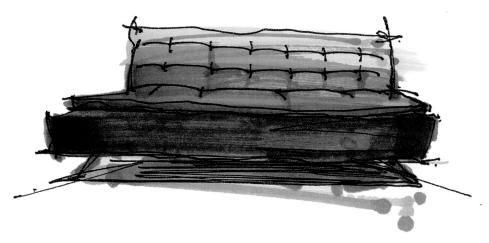

04 加重局部色调，将沙发表现完整。

单人沙发着色步骤解析

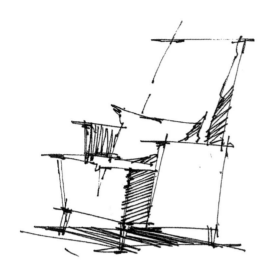

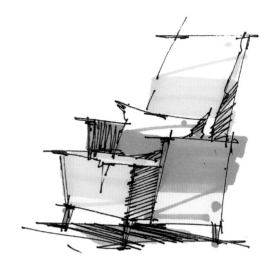

01 把握透视，绘制好沙发的形体。

02 用马克笔画出沙发的大体色调，注意画面的整体效果。

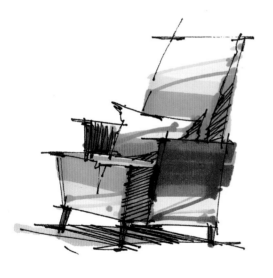

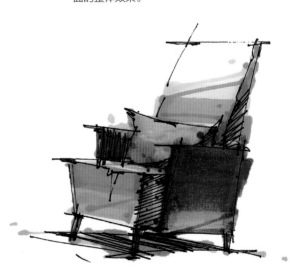

03 继续上色，加重沙发的色调。

04 完善和调整画面的效果，将沙发表现完整。

床体着色步骤解析

01 把握透视，绘制好床及其他物品的形体。

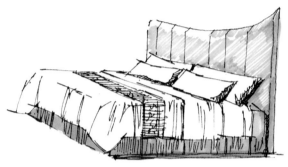

02 依次画出各个物品的大体色调。

03 沿着形体画出床垫和被子的颜色，拉开色调
之间的层次。

04 进一步加重物体和阴影的色调，然后点出床
垫的颜色。

植物着色步骤解析

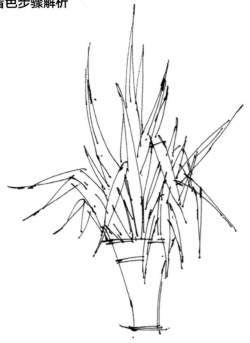

01 用钢笔起稿，勾勒叶片的基本形态和前后关系。

02 绘制叶片的浅色，预留高光位置。用笔应以侧、中锋为主，行笔过程中可适当变换角度。

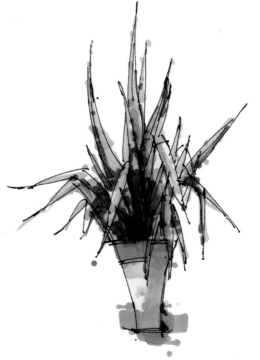

03 绘制叶片的明暗层次，但要注意局部服从整体的原则，不可忽略植物的整体性。适当提亮高光。

TIPS

阔叶植物绘制的关键在于笔触之间的有机融合，特别是运笔过程中轻重、速度、角度的变化。

4.4.2 沙发单体着色表现

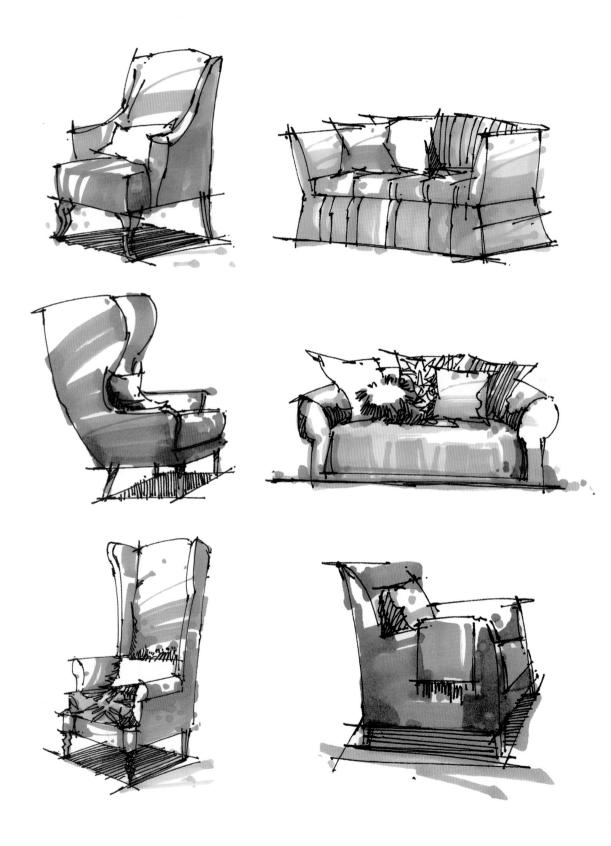

4.4.3 餐桌单体着色表现

4.4.4 床体单体着色表现

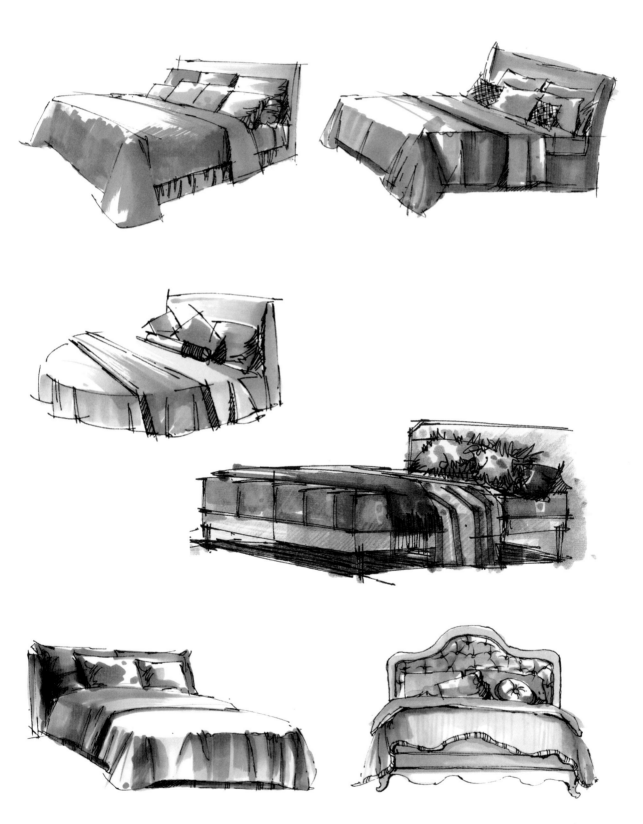

4.4.5 床头柜单体着色表现

4.4.6 办公椅单体着色表现

4.4.7 卫浴单体着色表现

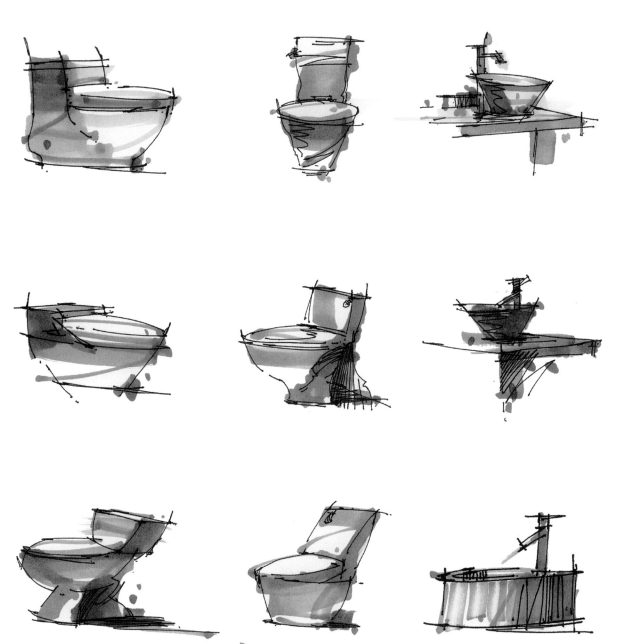

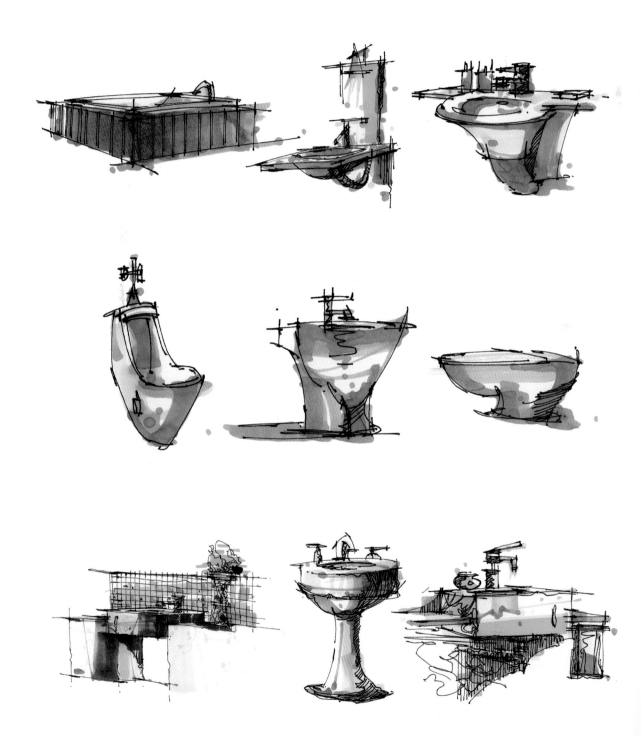

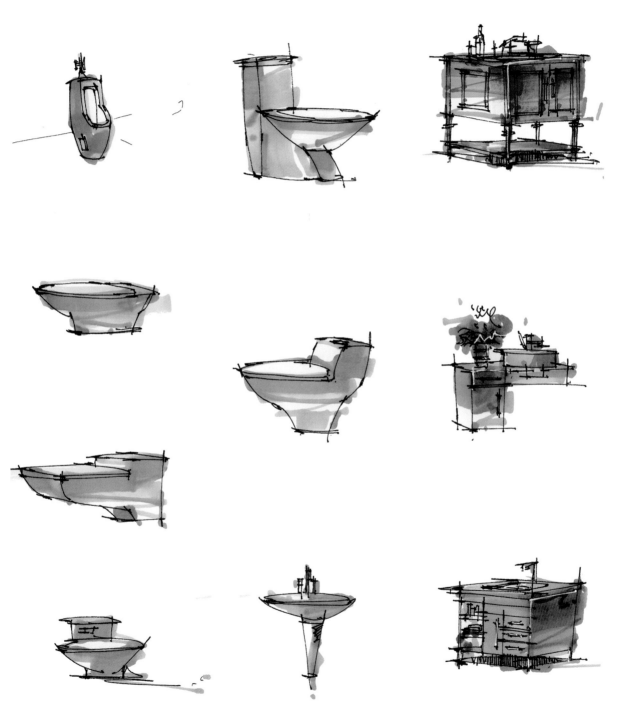

4.4.8 植物单体着色表现

4.4.9 灯饰单体着色表现

4.4.10 家用电器单体着色表现

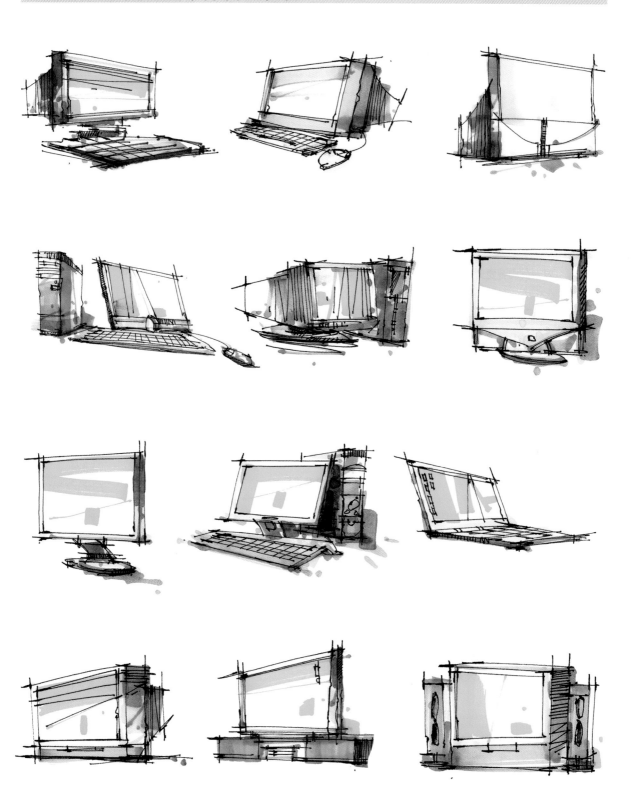

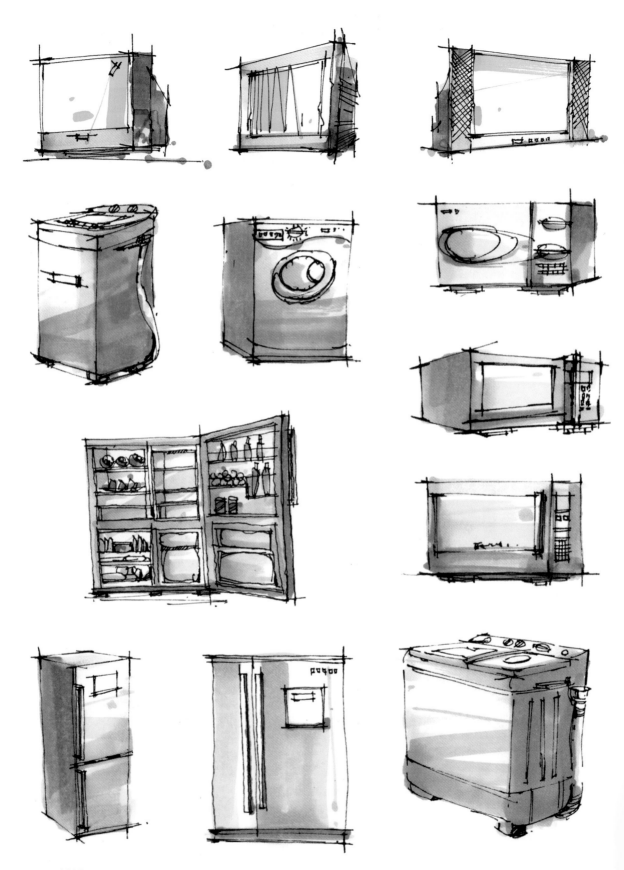

4.4.11 装饰品单体着色表现

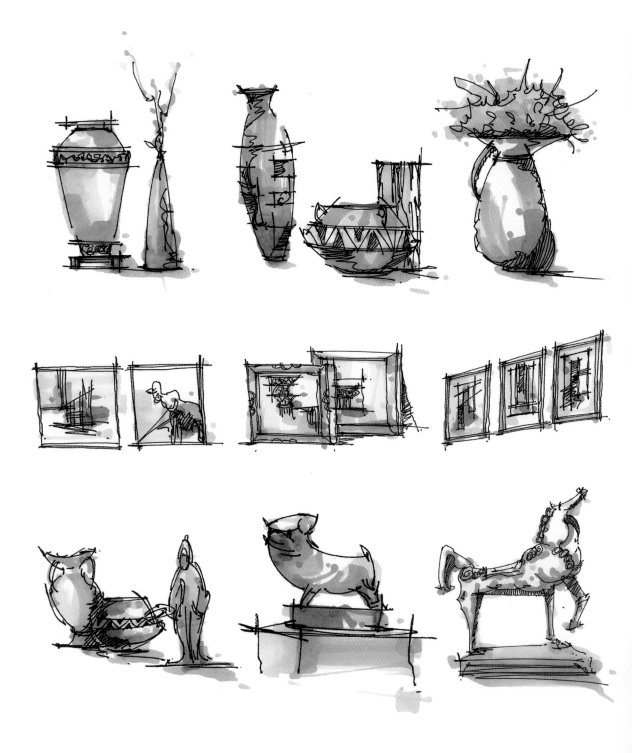

4.5 组合着色

4.5.1 组合着色步骤解析

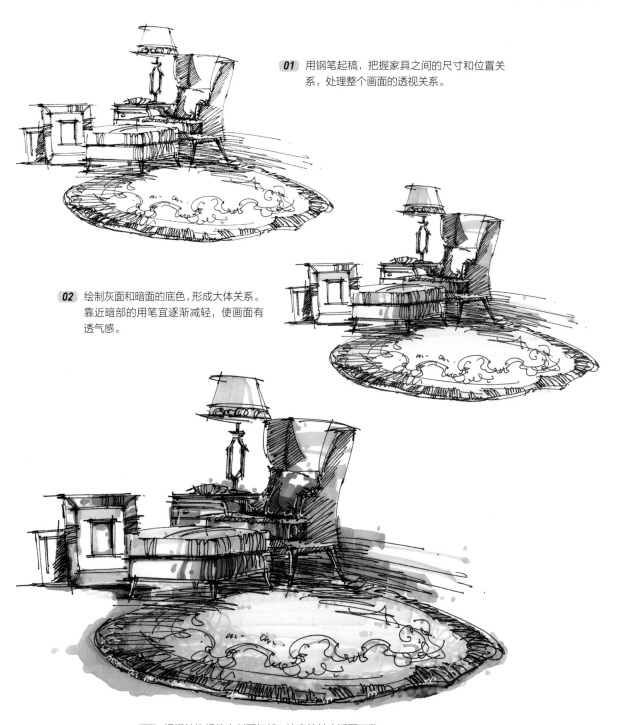

01 用钢笔起稿，把握家具之间的尺寸和位置关系，处理整个画面的透视关系。

02 绘制灰面和暗面的底色，形成大体关系。靠近暗部的用笔宜逐渐减轻，使画面有透气感。

03 根据结构规律来刻画细部，注意笔触应活而不乱。

4.5.2 桌椅组合着色表现

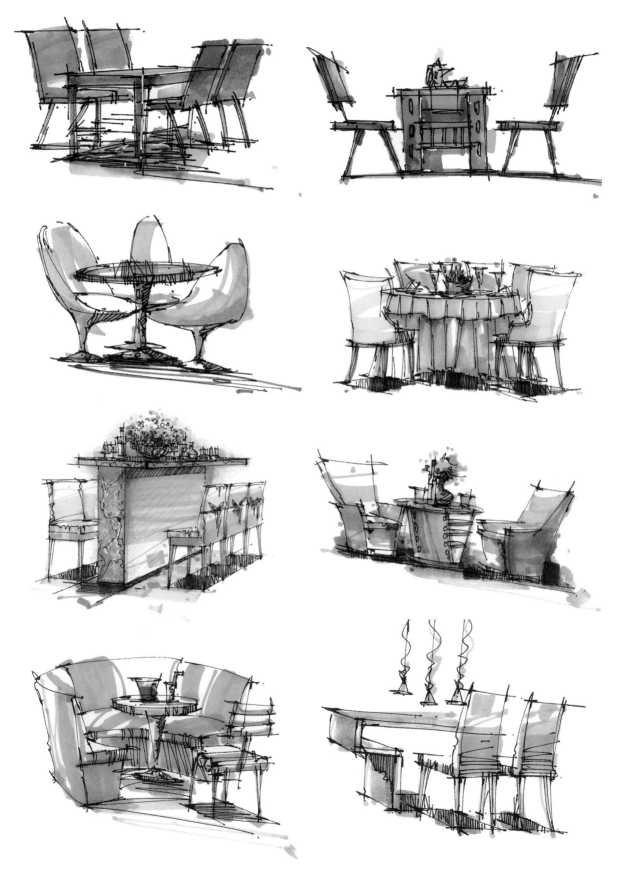

4.5.3 床体组合着色表现

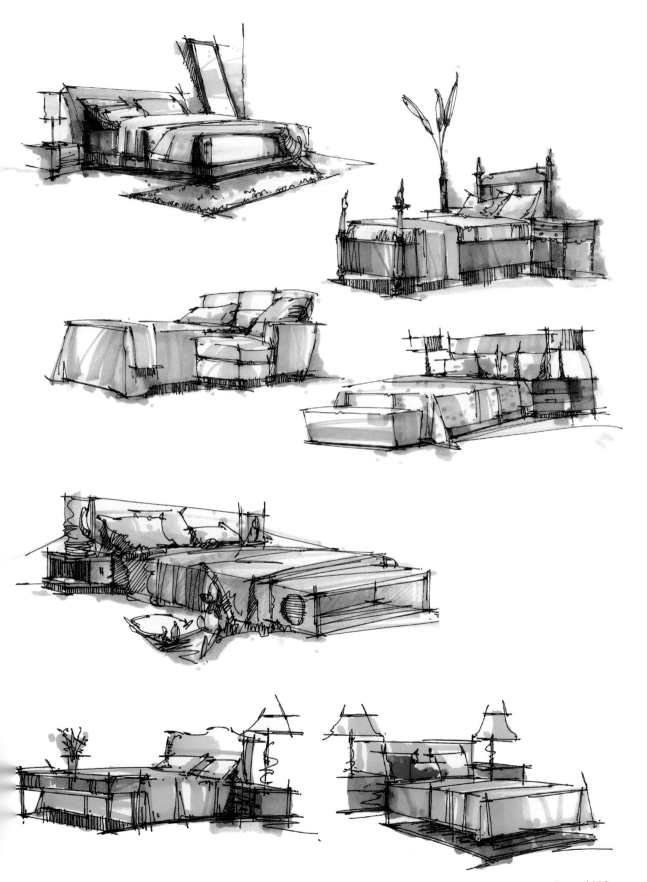

4.5.4 沙发组合着色表现

4.5.5 办公陈设组合着色表现

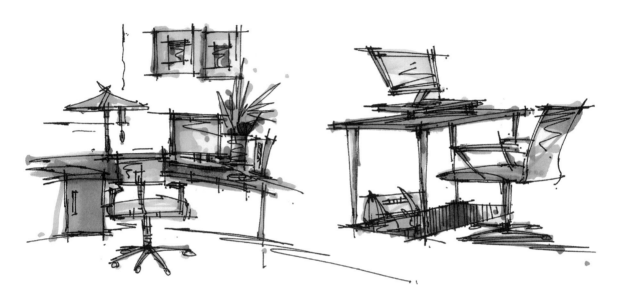

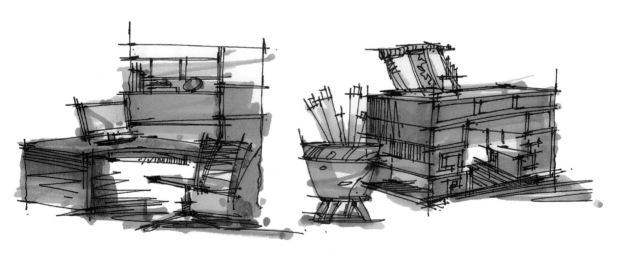

4.5.6 卫浴陈设组合着色表现

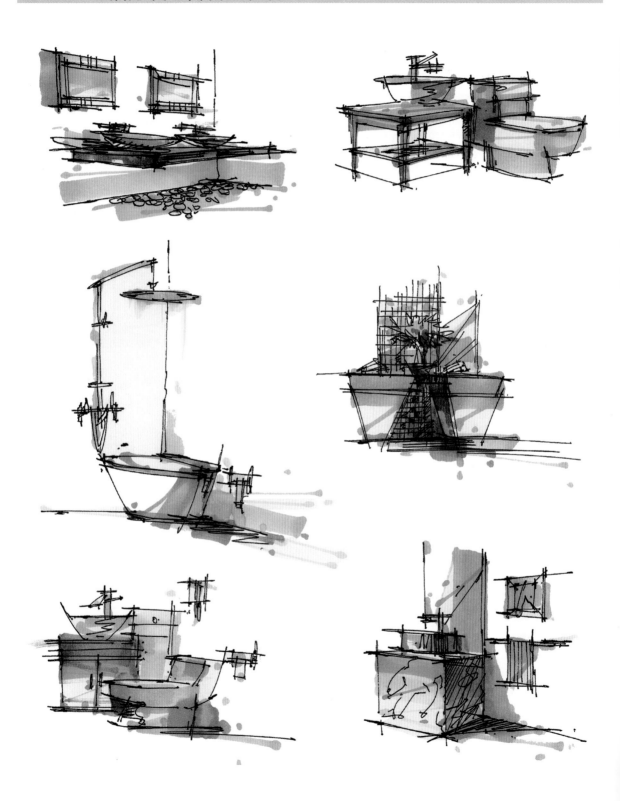

4.5.7 卧室陈设组合着色表现

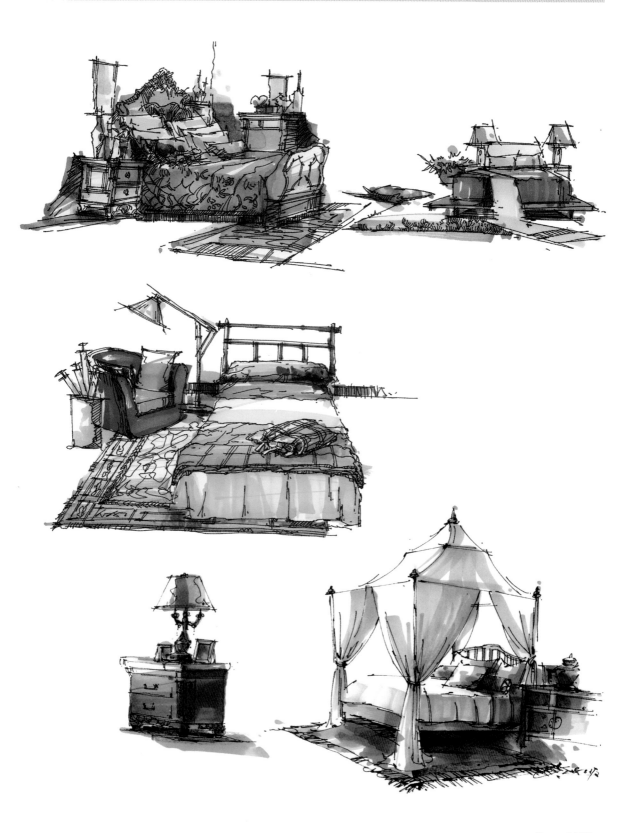

4.5.8 客厅陈设组合着色表现

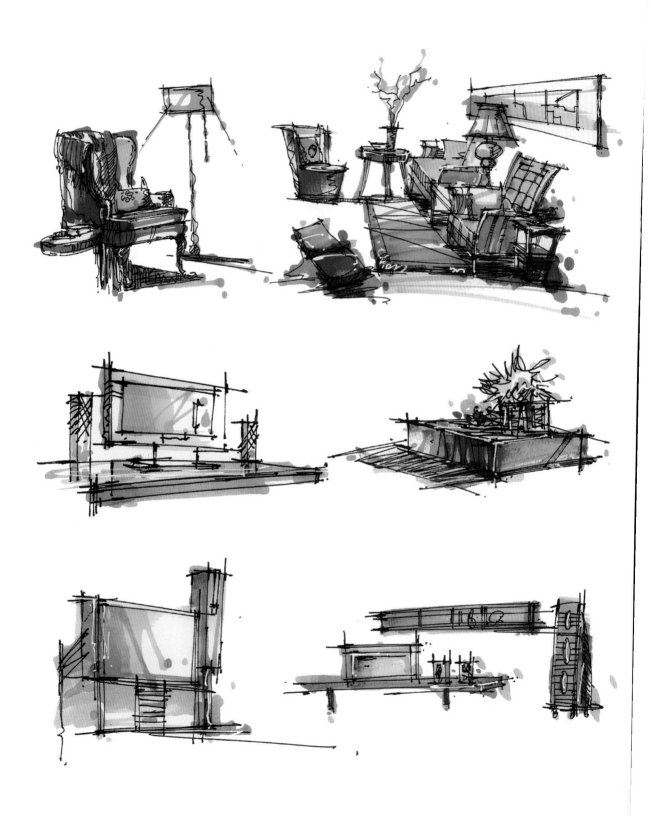

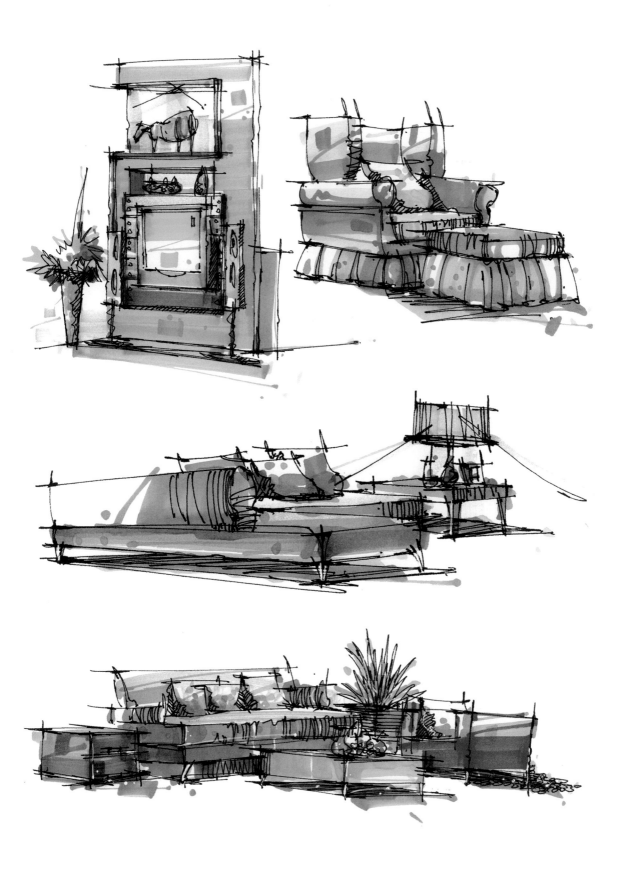

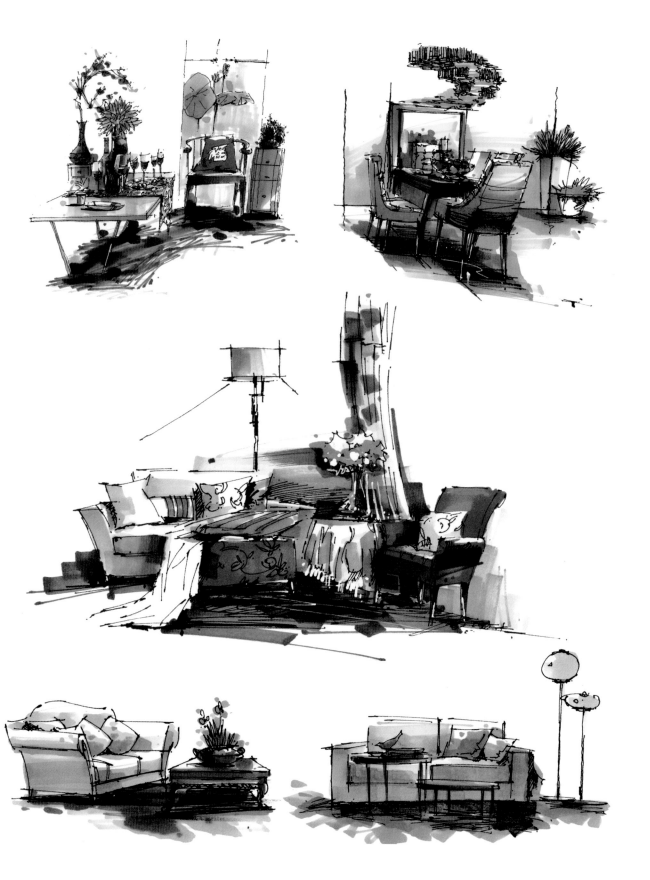

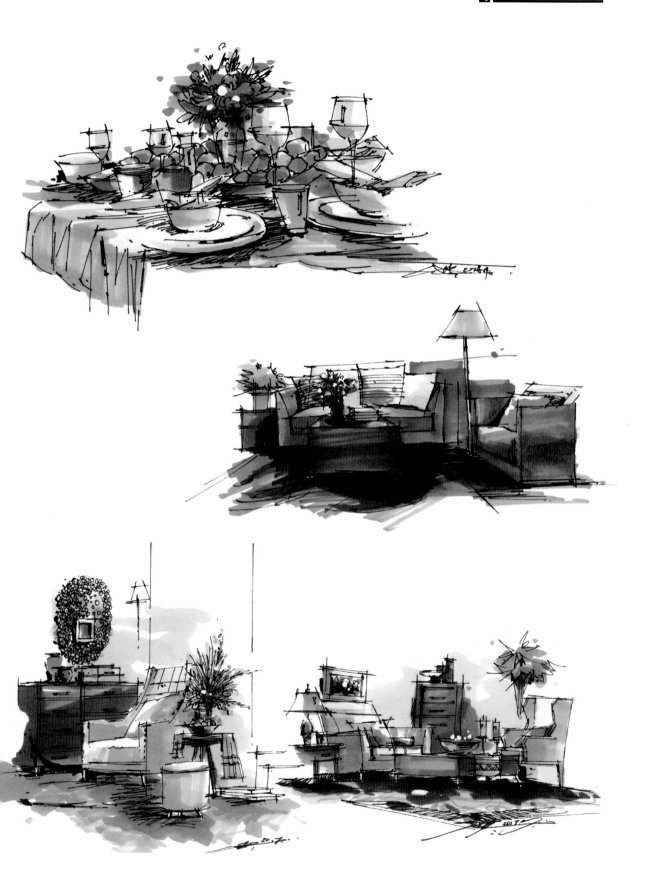

本质的美，实在的美，洗尽铅华的美，淳朴的美。

SKETCH OF INTERIOR DESIGN

Material

室内手绘材质表现

5.1 材质表现解析

5.1.1 材质三要素

质感

作品中应表现出每种物质所具有的特质，如丝绸、金属、水、石等物质的轻重、软硬、糙滑等质地特征，从而给人们以真实感和美感。

体积感

体积感指在平面上所表现的物体能够给人一种占有三维空间的立体感觉。在绘画中，任何物体都是根据其本身的结构，由不同方向和角度的块面所组成的。因此，在绘画中把握物体的结构特征和分析其体面关系，是塑造体积感的必要步骤。

量感

量感指借助色彩、线条等造型因素表达出的物体的轻重、厚薄、大小、多少等感觉，如山石的沉重、风烟的轻逸等。绘画中表现实在的物体都要求传达出对象所特有的分量和实在感。运用量的对比关系，可产生多样而统一的效果。

5.1.2 马克笔材质表现技法

要表现材质就要抓住材质的特点，比如金属的强烈反射效果、木纹的纹理效果等。如果要表现玻璃材质，就要知道玻璃是透明的，必须把玻璃后面一些看得到的东西表现出来。

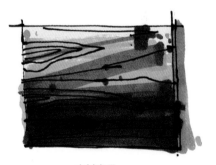

木材表现

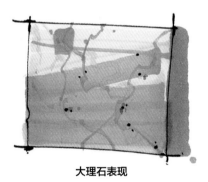

大理石表现

过渡走笔

侧锋走笔

5.1.3 彩色铅笔材质表现技法

彩色铅笔的半透明性和细腻性可以使物体更有质感，而彩色铅笔的叠色和混色可以组合出无数种变化。

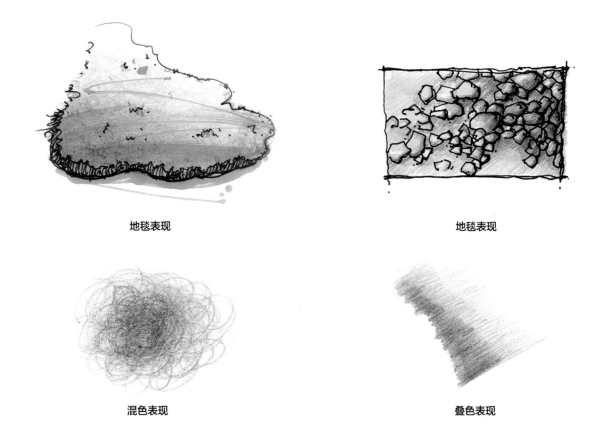

地毯表现 地毯表现

混色表现 叠色表现

5.2 各种材质表现解析

5.2.1 木头材质表现

木头材质主要应用在地板和较大的家具结构面上，其表现重点是突出粗糙的纹理。纹理的线条要自然且具有随机性，不能机械化地表现重复的纹理。颜色要层次分明，突出质感。

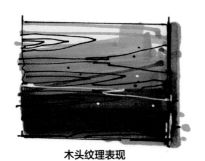

木头纹理表现

木地板局部

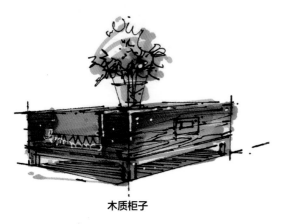

木质柜子

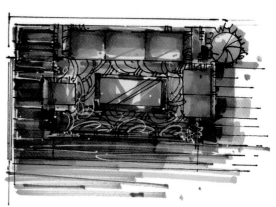

木地板平面图

木质柜子不需要表达强烈的明暗关系对比，只是在两个面很轻地扫了一遍。在暗面可以多画几笔，以产生明暗对比，但不需要过多地刻画，然后在柜子上面提亮几笔即可

5.2.2 玻璃材质表现

玻璃材质的反光质感和透明质感很重要，一般固有色偏蓝色系。

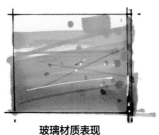

玻璃材质表现

玻璃茶几

玻璃杯

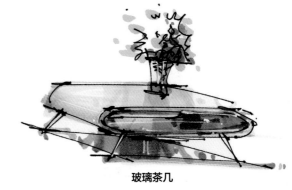

玻璃茶几

5.2.3 瓷砖材质表现

瓷砖材质应主要表现反光质感和暗纹。用线条描绘纹理要自由随意一些，可以用"点"的方式来突出瓷砖肌理。

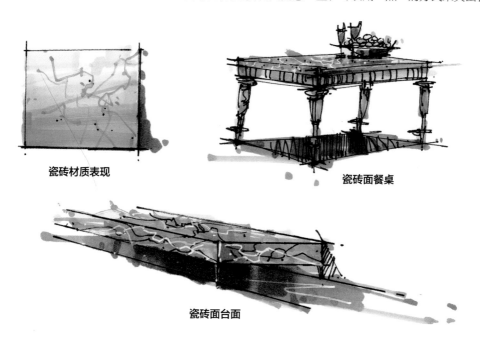

瓷砖材质表现

瓷砖面餐桌

瓷砖面台面

5.2.4 金属材质表现

金属材质的反光质感很重要。不同的金属材质在线条表现和色彩表现上是基本相同的，只是固有色不同。

金属材质表现

金属台灯

金属桶

金属罐

5.2.5 布艺窗帘材质表现

在居室表现中，窗帘是不可缺少的组成部分，它常处于画幅的显眼位置，对居室的格调、情趣起着十分重要的作用。布艺窗帘有荷叶边式帘和幔式帘等样式。

在表现布艺窗帘的时候，线条要流畅，向下的动态要自然。要注意转折、缠绕和穿插的关系。表现布艺窗帘上的花纹的时候，线条要根据转折、缠绕和穿插发生变化。

把握好层次的虚实和垂挂的动态

注意布艺材质的收拢感

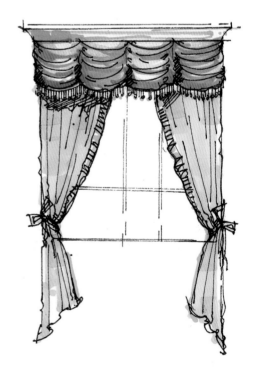

5.3 各种材质在场景中的表现

在平时的绘画中，大家可能会对材质的表现感到头痛。我们通常会认为只有一笔一画地绘制才能充分表现材质的细节，其实这混淆了摄影和绘画的概念。抬头看一下你周围的景物，无论是近景还是远景，当你目不转睛地注视一个物体时，视野边界的景象就会变得十分模糊。人们观察物体是凭印象的。在绘制效果图时，也可以借鉴印象主义，使用略图的方法比一笔一画地描绘可以节省更多的时间和精力。

布艺窗帘表现

布艺桌布表现

布艺抱枕表现

布艺床帘表现

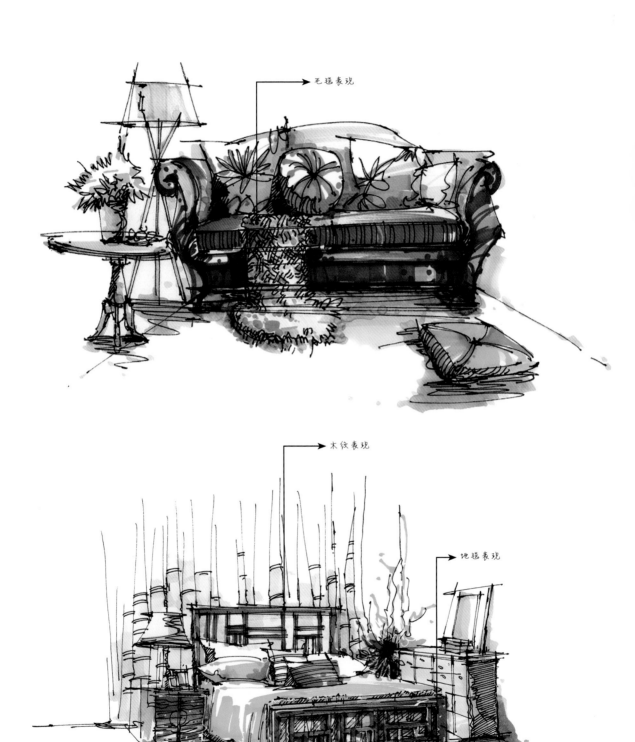

毛毯表现

木纹表现

地毯表现

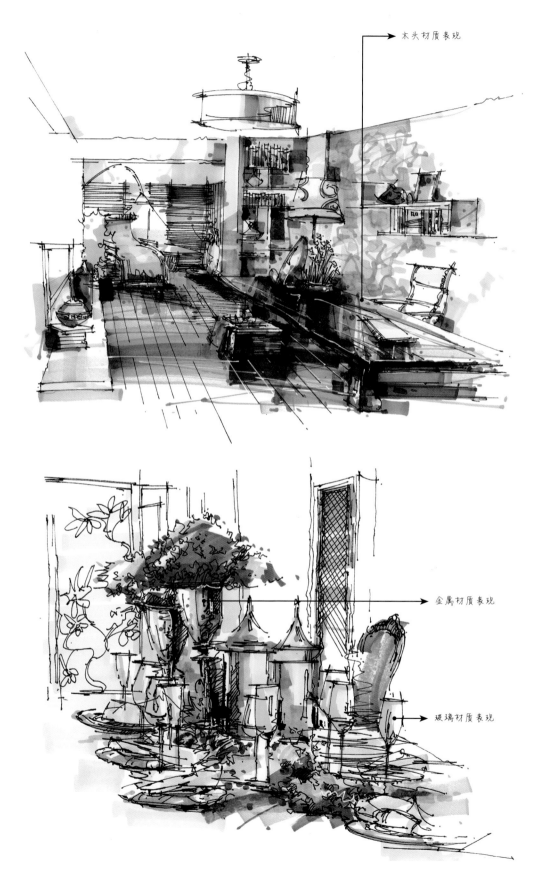

木头材质表现

金属材质表现

玻璃材质表现

世界的每个角落都有色彩，我们离不开色彩。

6

SKETCH OF INTERIOR DESIGN

Composite

室内综合空间设计表现

6.1 空间设计表现步骤解析

效果图的色彩原理与纯绘画的色彩原理相同，但效果图的色彩更加简洁、概括，它主要强调物体的固有色，环境色则考虑得较少。效果图需要用笔触表现物体的质感、明暗及细部特征。对于初学者来说，应从临摹开始，可适当背一些范画，从中体会马克笔的表现特点，加深对物体的理解，接着可根据照片和实物进行练习，最后完成真正的创作。

培养手绘表现能力可以分成三个阶段去看：第一阶段看颜色（目的是锻炼色彩能力）；第二阶段看设计（目的是研究室内设计方案，体会这种室内空间给你的空间尺度感）；第三阶段看设计理念（目的不同，看东西的角度也会不一样）。

6.1.1 餐厅空间设计表现步骤解析

01 做好上色的前期准备工作。准备好复印的线稿图（原线稿图可留作备份）、垫纸和马克笔试笔用纸，然后将马克笔按颜色（冷灰色、暖灰色、木色、蓝色、绿色、紫色等）归类，以方便上色时查找和使用。

02 上色前，要明确餐厅的装饰设计风格及大的背景色调。着色时要放松、大胆，上色规律为"由浅入深"。着色从主色调及视觉中心开始，注意第一遍着色不要过多，也不要对比过强，画面要多留白，这样才有透气感，画面的整体效果也更容易控制。

03 关键的一步是突出画面主要关系，这也要求从视觉主体开始着色。要强调材质的固有色，加强色彩的明暗对比，表现出画面的空间感和立体感。该餐厅以木头材质为主。一定要注意画面中物体之间的层次关系，颜色不可过沉，否则画面容易显得呆板。多用些相近色和环境色，从而拉开上下、内外的空间层次，这样整个画面看起来才会比较舒服。

04 调整画面，完善画面的整体效果。进一步进行陈设的刻画和视觉主体的细节刻画，加强对比，补充光影效果和少许的环境色、亮色。用高光笔进行提亮，从而起到画龙点睛的作用，使画面活跃起来，达到整体的和谐统一。

6.1.2 卧室空间设计表现步骤解析

01 绘制好线稿，准备好上色工具，思考卧室空间的主要色调及色彩搭配，想象一下卧室的空间氛围。

02 第一遍上色时要把握空间中的墙面、地面、窗面及主要家具的颜色，用浅色大致铺一遍。不要拘泥于细节，注意留白，颜色不要太满，要留出空间，以便进行下一步细化。

03 深入表现家具和背景色调的微妙变化，突出各物体的明暗层次，强调冷暖色调对比，营造空间的整体氛围。

04 深入刻画主体细节并调节整体画面的氛围，突出主体。深入刻画床体、抱枕的质感，塑造光影的微妙变化，以起到画龙点睛的作用。

6.1.3 客厅空间设计表现步骤解析

01 做好上色的前期准备工作，将马克笔按颜色归类，以便上色时查找和使用。

02 上色前明确客厅的设计风格和大背景色调，依次上出物体的固有色，上色规律为"由浅入深"。分出各陈设的大体色块，这样才能确定客厅的氛围，从而控制画面的整体效果。

03 关键的一步是要突出画面的主次关系。要强调材质的固有色，用马克笔画出细节，注意物体的层次，并表现画面的空间感。颜色不宜过艳，要把握好色调，这样画面看起来会比较和谐。

04 加强陈设（花艺、灯饰）的点缀，深入刻画细节并补充光影，使画面活跃起来。

6.1.4 儿童房空间设计表现步骤解析

01 做好上色的前期准备工作，把握儿童房的空间氛围，进行色彩分析，做到胸有成竹。

02 大体画出背景色调，从而突出视觉主体。对被单进行多彩上色，与整体画面形成对比，完成氛围的定位。注意对比不要过强，画面要多留白，这样才有透气感。

03 为了突出画面的主次关系，先从地面暗部上色，使陈设有落地感。注意地垫上色应与床、地面形成层次过渡。为植物上色时注意阳面的色彩应偏黄。多用些相近色和环境色，以使整个空间协调。

04 进一步进行陈设的刻画，加强空间光感的变化，用高光笔进行提亮，突出陈设的层次，使画面生动并达到统一。

6.1.5 书房空间设计表现步骤解析

01 做好上色的前期准备工作，判断好空间的色调和陈设定位。该书房属于休闲式书房。

02 大体着色时要放松、大胆。空间中植物较多，着色时要注意植物之间的对比，离得远的植物不必过多刻画，用色块表现就好。
为地面大体着色，使空间得以呈现。

03 为了使空间关系更加明确，可以使用对比色，以形成空间的距离感（进深感）。用红色表现沙发上的沙发垫、灯罩，突出视觉中心，这样整体画面看起来更有主次，会比较舒服。

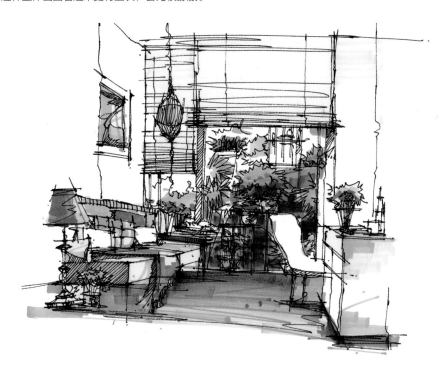

04 调整画面，完善画面的全局关系；刻画细节，使画面达到整体和谐统一。

6.1.6 浴室空间设计表现步骤解析

01 绘制好线稿，准备好上色工具。浴室的整体风格定位为洁白亮丽。

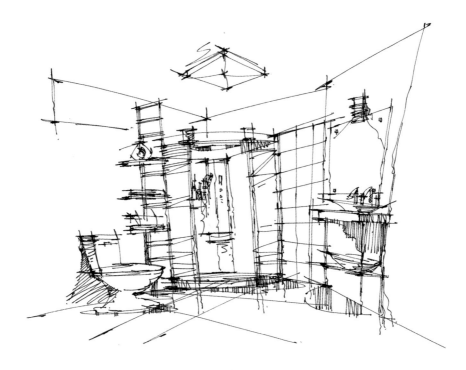

02 地面以淡淡的黄色着色，墙面大体以暖灰色着色，从而形成整个环境的色调。画面要多留白才有透气感，也更容易控制画面的整体效果。

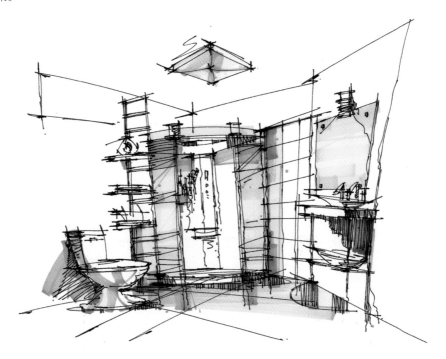

03 注意色彩关系，尤其要注意色彩之间的对比。可以留些笔触的痕迹。玻璃不宜用过多的色彩绘制，否则画面容易花掉。

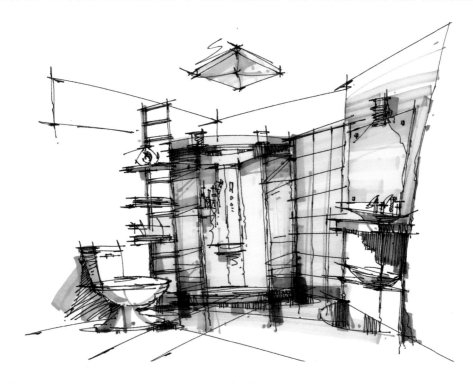

04 调整整个画面，完善画面的布局。在有限的浴室空间设计出较为完备的功能。白色的点缀较好地刻画出了卫浴设施的材质特点。

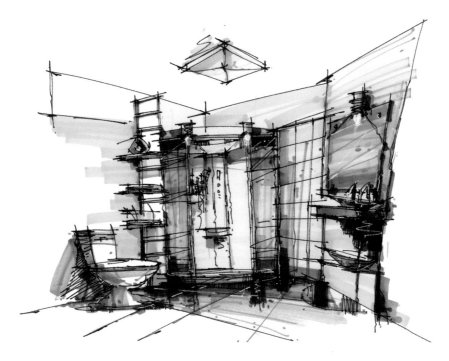

6.2 用马克笔表现室内设计图

　　室内设计图一般由平面图、立面图组成。室内平面图和立面图的绘制手法多样,设计师们往往会根据个人喜好和习惯来表现自己对空间的认识与理解。

6.2.1 室内平面图

　　室内平面图所涉及的绘制内容包括两个方面:一方面是地面的空间划分与表面装饰材料效果;另一方面是家具与陈设品的平面形状。就绘制手法而言,常见的表现手法有抽象法、写实法、色调法和黑白法。

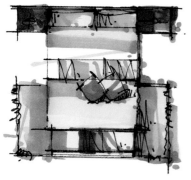

床体组合平面图

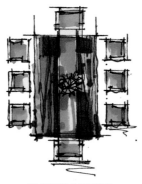

餐桌椅组合平面图

沙发组合平面图

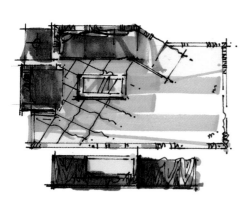

客厅平面图

客厅平面图

室内平面图绘制步骤

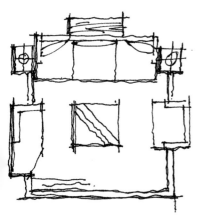

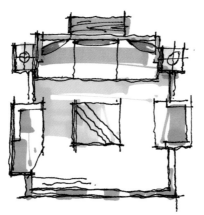

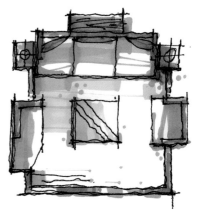

01 把握平面家具的尺寸，处理相互之间的比例关系和距离关系。

02 绘制物体的固有色，形成大体的色彩关系。

03 按结构规律来刻画细部和暗面，提升物体的质感，注意笔触应活而不乱。

室内平面图表现

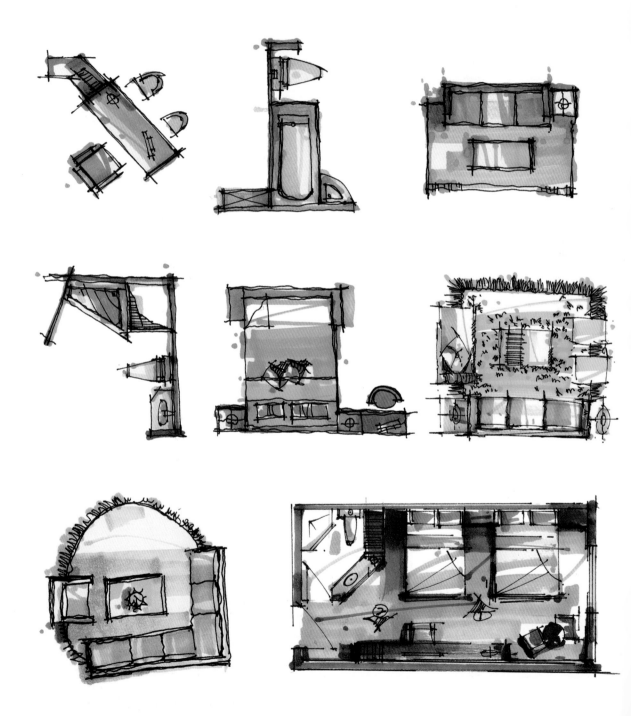

6.2.2 室内立面图

　　室内立面图绘制与总体方案绘制的手法一致。常用的绘制手法有强调具象的写实法、突出家具与陈设性质的点彩法，以及表现设计特色的色调法和单色法。

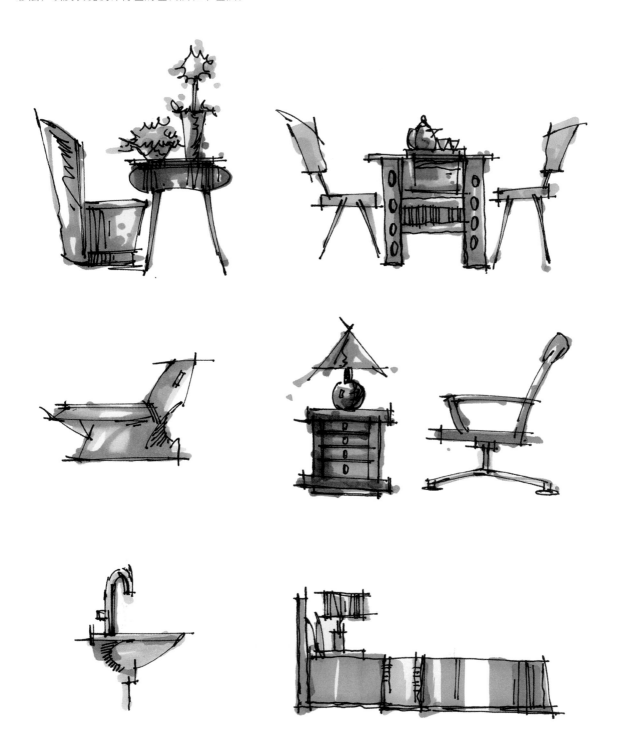

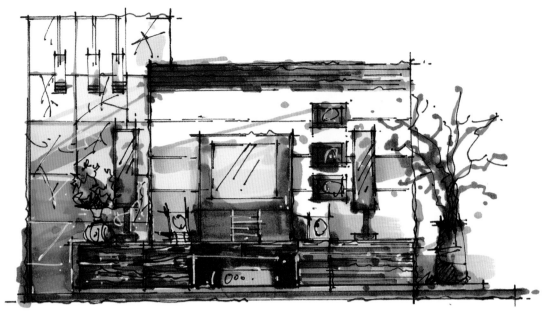

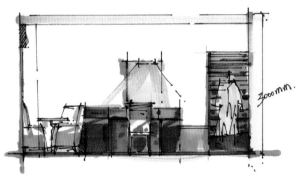

3000mm.

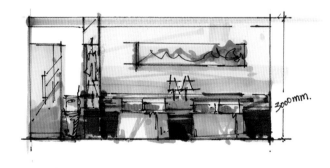

3000mm.

6.2.3 由平面图反映空间效果图

由平面图反映空间效果图是学习手绘图的最终目的。下面以图为例进行介绍。绘制空间效果图应先从平面布局入手，平面布局要符合以人为本的设计理念。在平面布局完成之后，设计者应在心中有空间的整体概念，以便逐步完善设计。在勾画空间效果图时，可对房间中的某些陈设进行适当取舍，如将一些妨碍视线的植物、家具、墙体等弱化或者省略，以便得到完整的透视。

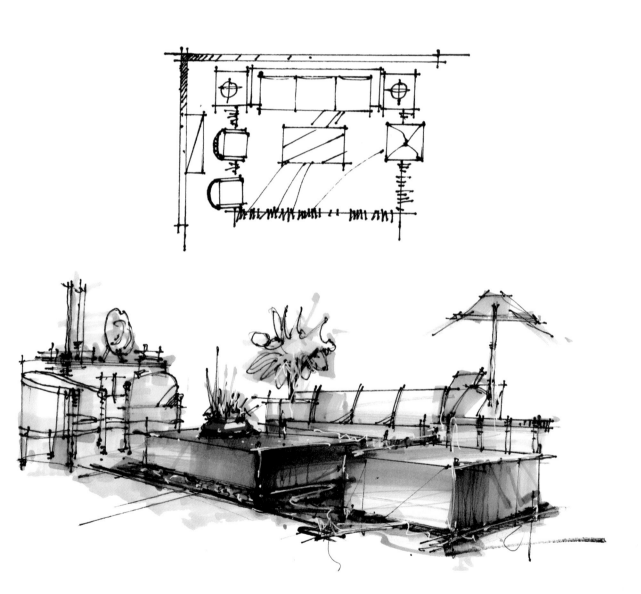

6.3 快速草图绘制训练

　　快速草图不一定要把对象刻画得特别准确和细致，只要表现出大致感觉即可，尤其要构架出空间的大致感觉。快速草图也可以很夸张地表现对象的特征，表现时只求感觉，不拘细节。快速草图是表达创意和灵感最直白的方式。手绘草图达到一定水平就可以进行快速设计。一个好的设计创意不一定是长期雕琢的结果，它很可能产生于瞬间的想法，快速草图就非常适合表现这种想法。

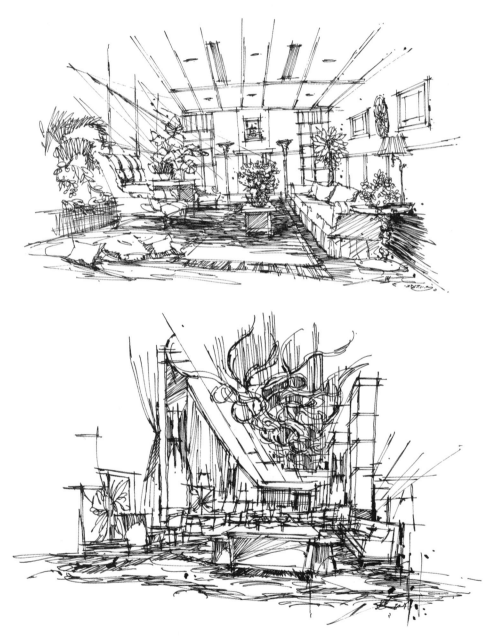

　　快速草图绘制训练也是手绘学习中重要的基本功，有助于提高对空间的理解能力和表现能力。在快速草图的基础上再画一张细致的手绘图，会相对容易很多。

　　上面两张空间草图的绘制没有目的性，是笔者的随意之作。虽然如此，观者依然可以通过图片感受这两个空间的大致状况和特色。

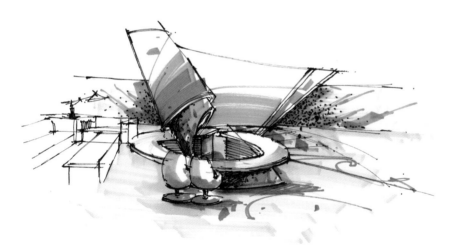

　　从左边这两张空间草图中我们可以清楚地看到所要表达的内容，空间的指定性也比较明确。与上面两张草图相比，左边两张草图的概念更加清晰。设计的过程往往也是先模糊后清晰。

黑色马克笔是能够快速在草图中表现明暗的工具，线条的粗细变化可以使空间有通透感和延展性。

　　快速草图训练的另一个目的是迅速"捕捉"空间的光影关系。此外,在草图中可以直接用色块表现空间,有了大的空间概念,再去细化就相对容易了。

Less is more (少即多)。设计与纯艺术不一样，它应该是能用的，并且要达到一定的设计目的。好设计不一定炫目，但是要能解决问题，并且实际、好用。毕竟设计是服务于人的。

SKETCH OF INTERIOR DESIGN

Works

多种空间设计手绘表现案例

7.1 空间设计手绘练习

经过一系列的基础训练之后，就可以开始进行大量的手绘表现。

手绘表现是一个相对"庞大的工程"，需要做大量的前期准备。从技术层面来说，需要解决物体的造型问题、线条的运用问题、空间的构架问题。其中最大的问题莫过于透视，这对于初学者来说是一只"拦路虎"，要做大量的训练才可以慢慢解决。从艺术层面来说，要解决设计上的问题，画面的处理问题……建议开始做空间表现之前，大量临摹一些完整的空间手绘作品，先对空间手绘有一个感性的认识，再过渡到创作阶段。学习设计手绘不能急于求成，只有认真对待、用心揣摩后才会有所成。

室内设计效果图有着一丝随性自由，但其功效却并未打折。轻松写意、极富艺术特性的独特表现手法是室内设计效果图最具吸引力的地方。室内设计效果图大多有局部性，不同完整程度、不同风格、不同样式的室内设计效果图所呈现出的效果也有所差异。

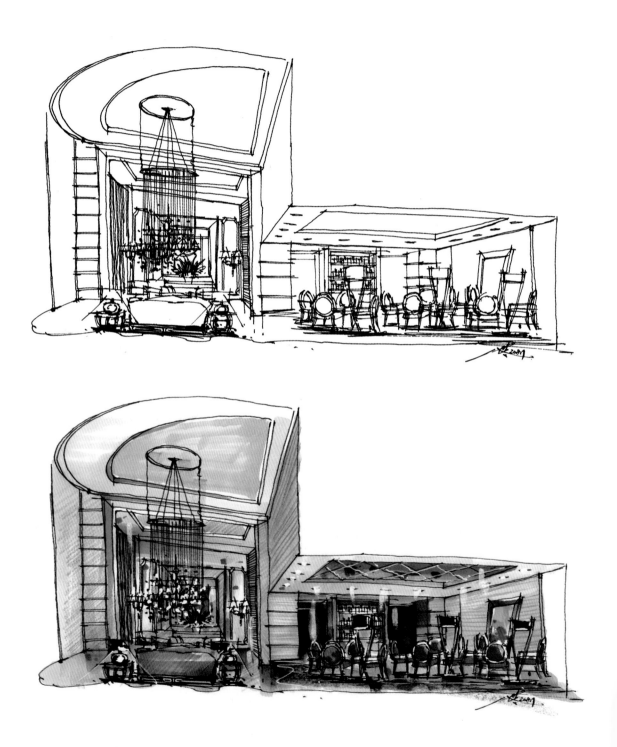

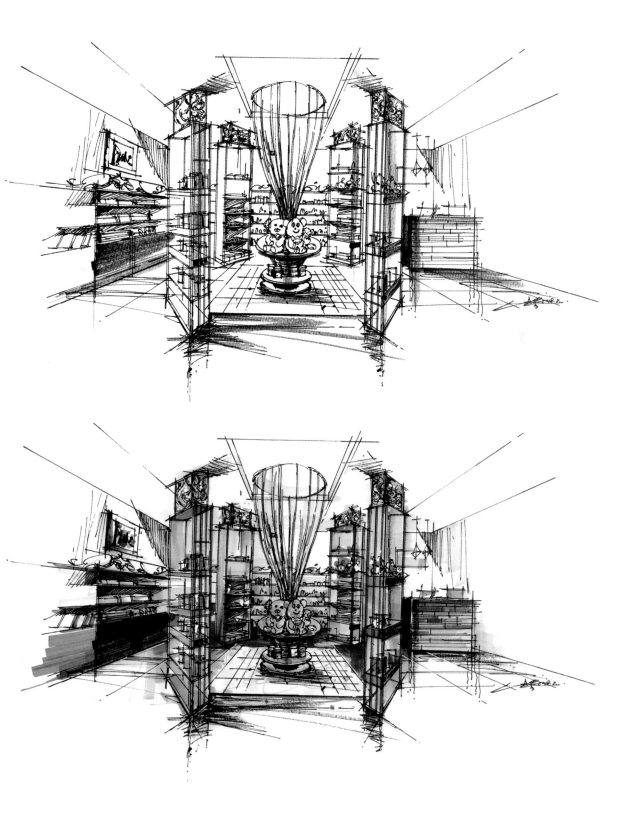

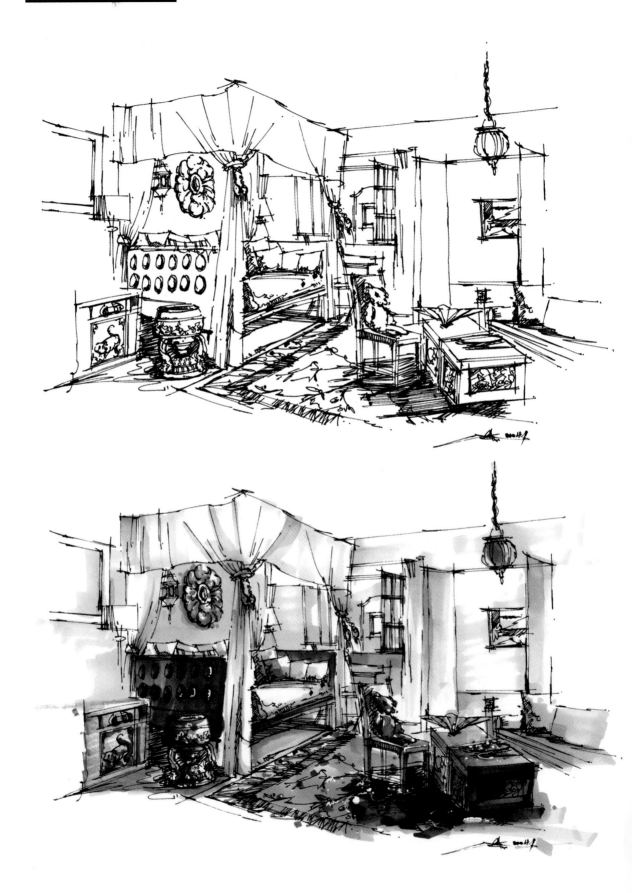

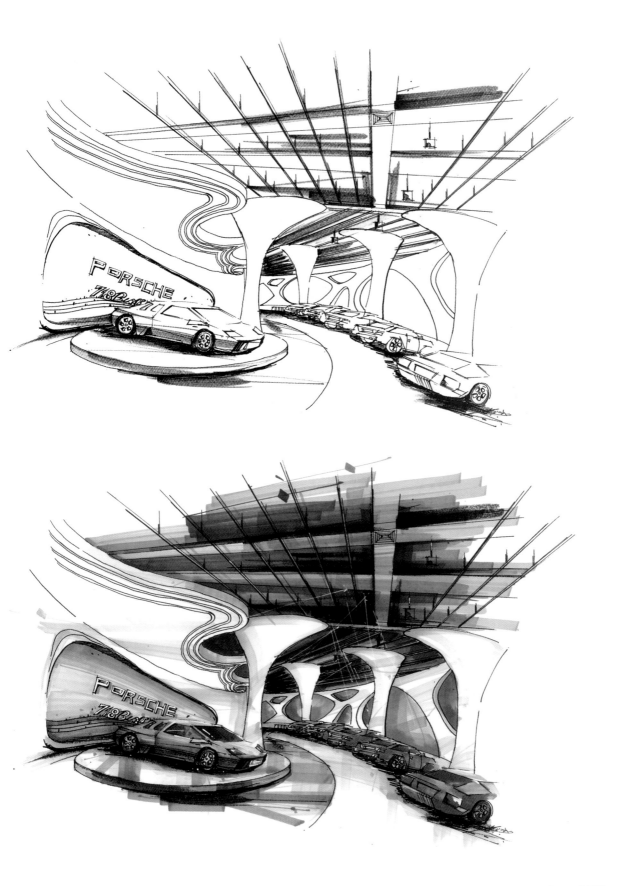

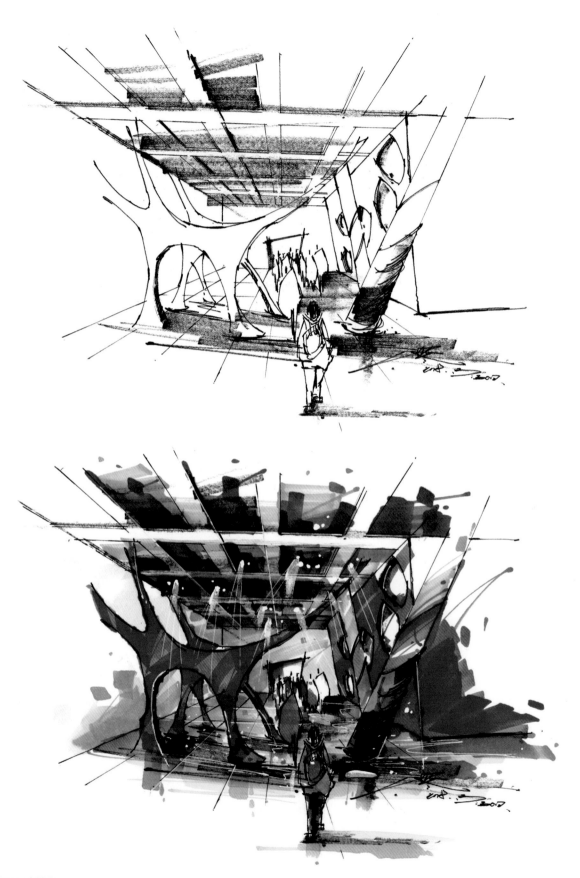

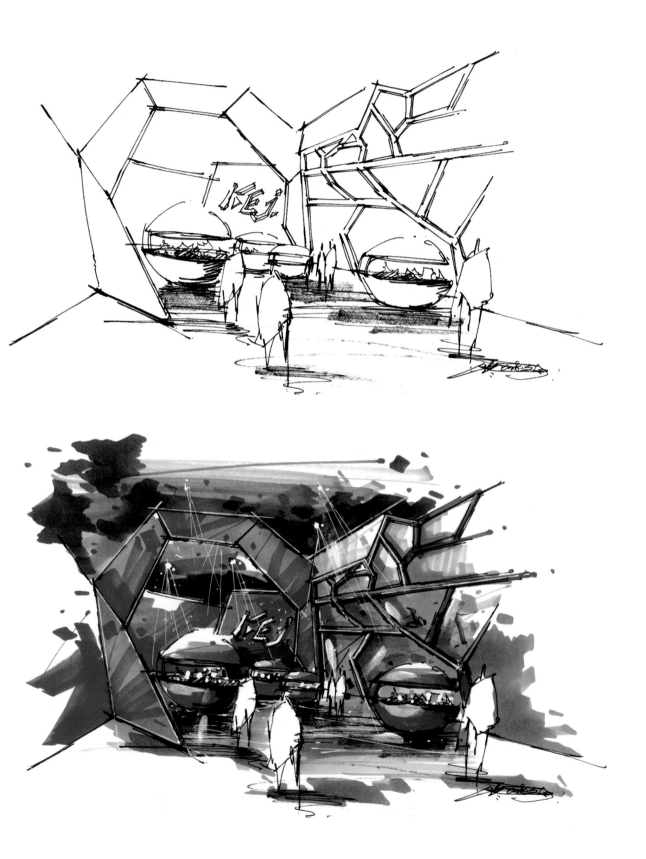

7.2 空间作品案例赏析

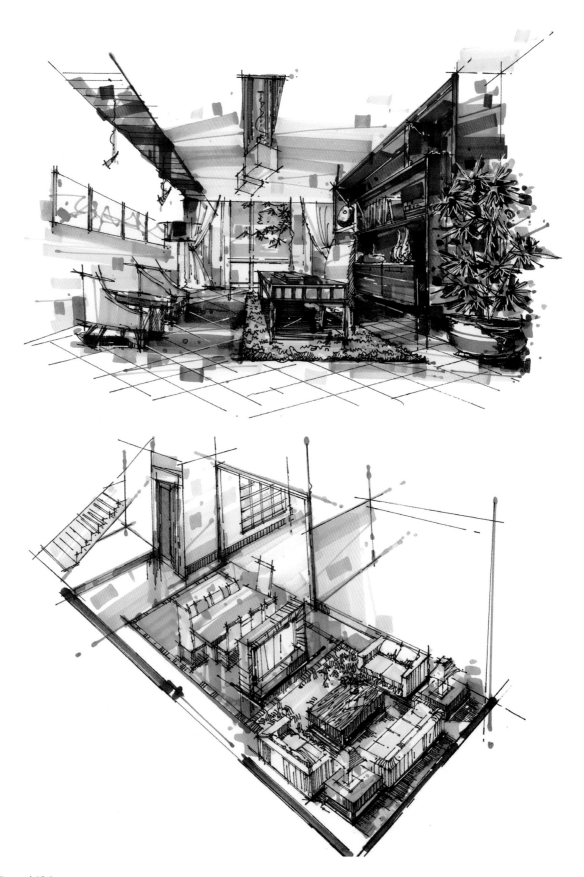

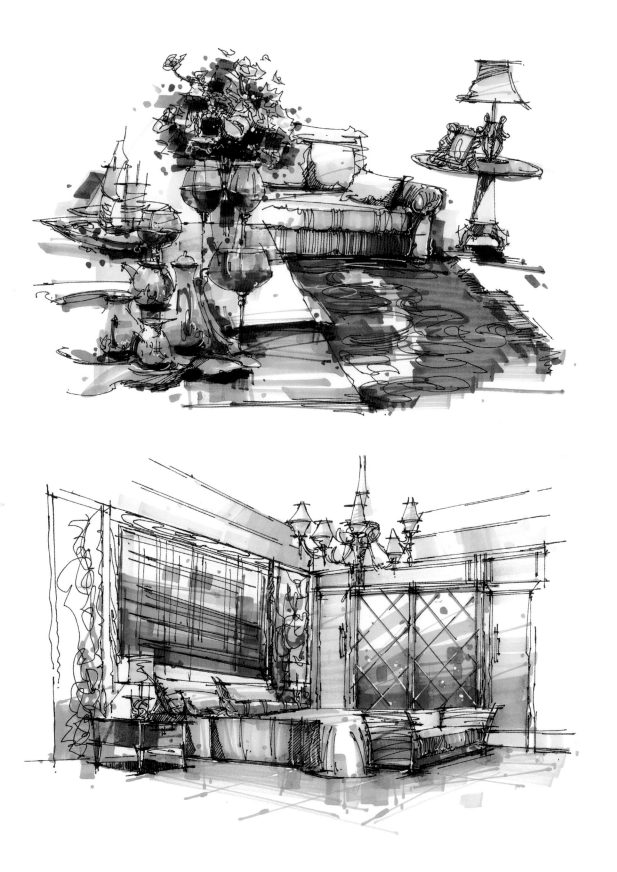

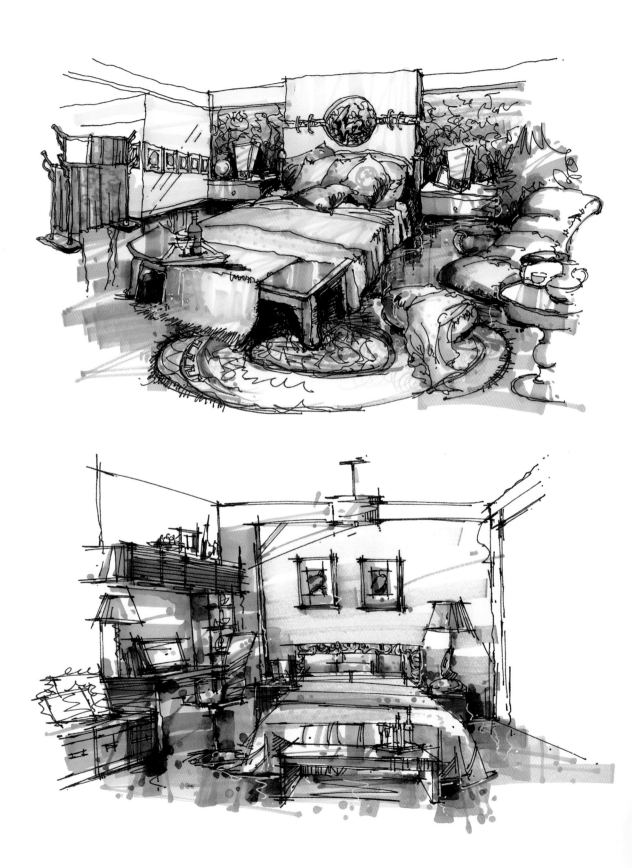

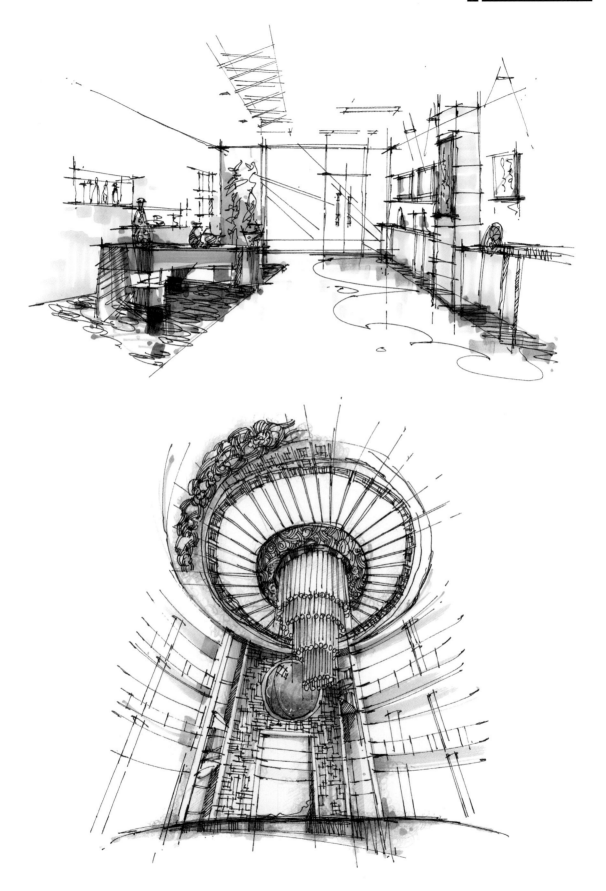

7.3 软装设计案例赏析

　　家具和陈设是决定室内空间的功能与气氛的主要因素，它们各具特征。家具的尺寸较大，种类繁多，造型相对规整；而陈设大多依附于室内界面，体积小，形态多样。它们都表露出了一定的文化性，能够影响室内设计的品质，并会对界面或空间的构图、情趣产生一定的作用。

附录 快速手绘表现视频案例

下面 9 个案例附带教学视频，翻到本书第 3 页，获取在线观看的方式。